知の発見

「なぜ」を感じる力

朝日出版社

まえがき

はじめまして、中村桂子です。私は60年以上前にこの教室で勉強をし、その後大学で理学部へ進み、以来生きものの研究をしています。高校、大学以来大勢の先生にたくさんのことを教えていただいたので、研究を続けることができたのです。今日は私の原点になったこの教室で、後輩に私が学んだことや、それを基に自分で考えたことをお話しして、もしそれが若い人がこれからを考える役に立ったらうれしいと思っています。実は、生きものの研究をずっとしていると、生きものたちがいろいろなことを語ってくれますので、その話を聞いてください。

ぞうさん
ぞうさん
おはなが　ながいのね
そうよ
かあさんも　ながいのよ

ぞうさん
ぞうさん
だあれが　すきなの
あのね
かあさんが　すきなのよ

まど・みちお

この歌、皆さんが小さいころ、お母さんと一緒に歌いましたでしょう。ぞうさんは長い鼻が特徴です。君の鼻は長いねと言われ、そうだよ、お母さんも長いんだよと答える子どものぞう。ここで語られているのは遺伝です。ただ、まど・みちおさんは、じつはぞうさんはいじめられているのだと言います。ほかと違うねと言われて。でもぞうさんは、母さんだってそうなのよといじけません。このかわいい歌の中にも生きものの持つさまざまな意味がこめられています。このような意味をこれから考えていきます。

そして、この歌の英訳をなさったのが皇后様です。

"Little elephant,
Little elephant,

What a long nose you have."
"Sure it's long.
So is my mommy's."
"Little elephant,
Little elephant,
Tell me who you like."
"I like mommy.
I like her the most."

皇后様が「ぞうさん」をみごとに訳してくださったので、まどさんは国際的に有名になって、アンデルセン賞という、子どもの世界、童話の世界のノーベル賞と言われている賞を受賞なさいました。すばらしいことです。まどさんは詩人ですが、科学を専門とする私と考え方が同じところがあるとおっしゃって、たくさんお手紙のやりとりをしました。生きものへの関心は詩でも科学でも重なるのです。残念ながら、2014年に104歳で亡くなりましたが、最後の最後までお仕事をしていらして、そのお仕事をする一番の基本として次の言葉をあげています。

「世の中に『?』(クエスチョンマーク)と『!』(エクスクラメーションマーク)と両方あれば、

ほかにはもう何もいらん」
疑問と感動、つまり、知と感動ですね。「何もいらん」と言い切るのは難しいけれど、常に「?」と「!」を持ち続けることが本当に生きているということになるのは確かです。「?」はふしぎがること、「!」は感動することです。

だれかに教えてもらったり、本に書いてあることを覚えたりすることは必要です。でもそのような勉強だけが大事と思っているとすれば、それは違います。本当に大切なのは知識ではありません。自分でふしぎを見つけ出し、考え、新しいことを探し出す。これが「知」です。自分で疑問を探して、今までにだれも考えていなかったことを、「あれ、これ何だろう?」と思って、自分で考えるのが新しい知を生み出すのですから、クエスチョンマークが一番大事です。科学は、もちろんクエスチョンマークだらけです。疑問に感じたことを一生懸命、自分で考えると、「おっ、すごいね!」ということが見つかるので、「?と!さえあれば、もうほかには何も要らない」というのは、科学から見たときにもとてもすばらしい言葉だと思います。「ぞうさん」の詩をつくったまど・みちおさんの言葉として、いろいろなときに思い出してほしいと思います。

ところで、ふしぎを見つけ出せる場所はどこかというと自然です。宇宙、地球、生きもの、人間など、対象はたくさんあります。その中で私は、生きものに注目しています。人間も生きものの1つですから生きものを知ることは自分を知ることでもあります。地球上には数千万種といわれる多様な生きものがいることが大事なのですが、一方であらゆる生物はＤＮＡ（ゲノム）を持つ細胞でできているという共通性があります。そして、38億年前に生まれた祖先細胞から、すべての生物が進化してきたと考えられています。もちろん人間もその仲間です。生きものを知るには、この38億年間の歴史の中でさまざまな生きものが生まれてきた様子を知ることが大切なのです。

私はこのような生きものの歴史物語を読む研究を「生命誌」、英語では「バイオヒストリー」（Biohistory）と呼び、その仕事をしています。

具体的には、身近な小さな生きものたち、例えばチョウ、クモ、ハチなどを研究し、それぞれの生き方の中に、私たち人間が学ぶことが見えてきます。小さな生きものたちが語る38億年の生命の歴史物語（生命誌）に耳を傾けます。人間も含めたすべての生きものたちを支える「生きている」という現象を見つめ、そこから生きものである私たちが「どう生きるか」を探し出す、新しい知のかたちです。生きものの歴史を知ることで、新しい時代の、生命を基本とする知の可能性を探って、わかってきたことを伝えたいと思います。

それではこれから、私の？と！についての物語を聞いてください。

知の発見

「なぜ」を感じる力

目次

第一章

「生きる」を見つめる

ものの考え方を見つける

知識ではなくて、ものの考え方を伝えたい

私が高校生だったころは、まだ女性が学問をしたり社会で働くことが普通ではありませんでした。現在は、女性は社会で活躍するようにと言われています。とくに少子高齢化社会ということもあり、女性が活躍する時代と言われていますし、私もその通りだと思います。21世紀は女性が、社会に対してとても大事なことをする時になると信じています。そうでないと、これからの社会はよくならないと思っており、とても期待をしています。20世紀は男性中心の社会でした。そこでは経済を活性化して、豊かさを求め、国を大きくして力を持つことをよしとしてきました。今までは、男の人が主でやってきたけれど、女の人もすぐれた能力を持っているのだから、一緒になって活躍してほしいというのが、社会から求められていることです。

でも私はそれは違うと思っています。大量生産をしたり、武力で強くなったりすることがよりよい社会なのではなくて、1人1人が本当に生き生きと暮らせる社会をつくることが大事だと私は思っています。そのためにこそ、女性の力を使いたいと思います。私はあまり男とか女とかを考えないで仕事をしてきましたけれど、今、改めて考えてみると、普通に日常のことが考えられる女性の感覚を大事にしてきたと思います。皆さんの中に理科が好きで、理系へ進みたいという人がいると思いますし、私もその中で仕事をしてきました。ただ、今

皆さんに伝えたいことは、理系に進んで、競争に勝とうというのではなく、自分で今の社会のことを考えて、自分が好き、これが大事だと思うことをぜひやってほしいのです。

高村薫さんの言葉

私の今の仕事は生命誌研究館で行っていますが、じつはこれが今私が最も大事だと思っていることですので、好き、大事ということを具体的に考える上で参考として聞いてください。ここには2つのことがあります。1つは「生きている」ってどういうことだろうと知りたい。それが今私にとって一番のふしぎだということです。そこで、生きものを見つめ、研究することを通して、それを知りたいと思いました。もう1つは生命を大切にする社会であってほしいという願いです。そこで自然・生命・人間について考える場としてつくりました。この仕事は、私がどうしてもやりたいと思って始めたものです。だれかにやりなさいと言われたのではなく、たまたまそういう役職があったからでもなく、自分でとても大事だと思って始めたことなのです。1993年に生命誌研究館を始めて、20年以上経ちましたが、自分がやってきたことを思い、どうしてこんなことができたのかと考えたときに、私が普通の女の子だったからであり、その気持ちを持ち続けたからだと思ったのです。

最初に自慢めいたことを書いて申し訳ないのですが、2014年に、生命誌の活動をまとめた映画ができました。『水と風と生きものと』というタイトルです。それを見てくださった高村薫さんが、こうおっしゃってくださいました。

生命誌研究館を訪ねるたびに、これと似た空間は世界のどこを探してもないと感じる。生命科学が「生命誌」へと進化して身近ないのちと一気につながったように、研究館ではその最先端の研究と、私たちの驚きや感動がつながり、ともに38億年の時間に連なっている実感へと誘われる。

日々、生命誌を編み続ける研究者たちと、それを訪ねて集う大人や子どもたちの穏やかに満たされた笑顔と、小さな生きものたちの輝きに出会う幸福な2時間である。

この言葉は、私がやりたいことを本当にわかってくださっており、とてもうれしく思います。皆さんもこんなふうに自分のやりたいことを探してほしいと思います。

いつも「今」が一番楽しい

よく、雑誌などのインタビューで、子ども時代はどうでしたか、子どものころから科学者になりたいと思っていたのですかと聞かれます。もちろんそういう方はたくさんいらっしゃるでしょう。でも、私の答えはノーです。じつは今もそうなのですが、私は今が一番好きなのです。とくに子どものころは、未来を思うことはなく、今そのときが楽しかったのです。毎日、おままごとをしたり、本を読んだり、鬼ごっこをしたりしていましたが、それが楽しくて仕方がありませんでした。大人になったらどういう職業に就くということを考える暇はないし、それを考える能力もまだなかったのですね。そのまま小学校、中学校、そして高校へ行き、ここまでやってきたという感じです。ここでまた大好きなまど・みちおさんを引用します。まどさんが出身校の子どもたちに送った手紙です。一部だけ書きますと、

まいにちまいにちを　むだにしないで
げんきいっぱいに　やってくだされ
（中略）
まいにちが　たのしくなって
いよいよ　どんなことでも
ほんきで　やることが　できるようになります
（中略）
それを　くりかえしているうちに
みなさんは　じぶんのなりたいような　おとなになるのです

その通りだと思います。

とくに高校のときの先生のお顔を思い出すと、すてきな先生ばかりで、教えていただいたことがたくさんあります。中学までと違ったのは、まず世界史でしたね。『ヴェルサイユのバラ』などまだなかったので高校に入って初めて知りました。おもしろかったですね。英語の時間に英英辞典を使うことを教えていただきました。わからなくても英語だけでやりなさいと言われて、おもしろかったですね。それまで英英辞典など知りませんでした。英語を英語で解説しているのを読んで、そうするとまたわからない言葉があるから、また引かなければならないのだけれど、グルグルたどっていくうちに、何かわかってくるのがおもしろくて。もちろん、ダンスも文化祭も。今もありますよね。夢中でやっていたら3年生の夏休みまできてしまいました。

今、皆さんは大学へ進学するのが当たり前でしょう。私のころは大学進学率は男子でも約30%でした。女性の大学進学はまだ普通ではありませんでした。高校を出て、すぐに結婚した友人もいます。たまたま、大学のキャンパスで双子の男の子を連れて歩いている彼女に会って、差をつけられたと感じましたけど（笑）。そういう時代です。3年生の夏休みまで、のんびり過ごしていましたら、さすがに先生に「将来どうするの」と聞かれて、とても困りました。何も考えていませんでしたから。

人によって違うと思うのです。才能があって、絶対に科学をやる、音楽をやる、美術の方面へ進む、英文学をやると早くから決められる方もいますね。それはすばらしい。でも、私はそうではなく、特別の才能はないのです。英語が好きだから国際社会で活躍するのもいいなとか、世界史がおもしろいから歴史を勉強しようかなとか、あれこれ考えていました。

先生みたいになりたい

でも最後は化学を選びました。木村都先生の影響です。お茶の水で化学を教え、その後は桜蔭の校長先生になられた。型にはまらない、とても自然ですてきな方でした。

1つエピソードを言いますね。先生が白衣の下に、今ごろは何て言うのかな。私たちはそのころ、ババシャツって言っていたのですけれど、厚手の長袖のシャツを着ていらっしゃるの。それが袖口からちょっと出てきちゃうと懸命に押し込む（笑）。とても人間的でね（笑）。私だけがそんなことを覚えているのかと思ったら、クラス会で友人が上手に真似して。もちろん、それだけじゃありませんよ。授業がとてもすばらしかった。都先生のようになりたいと思い、結局化学を選びました。

『元素の話』という、何ともそっけない本でしょう。都先生らしいと思うのですけれど、この本は先生が学校をお辞めになってからお書きになった本です。プレゼントしてくださいました。

先生は、化学を一生懸命教えたとおっしゃいます。でも、学校では教科書があるので、それに従って教えることしかできません。そこで、「私がぜひ、みんなに話したいと思っていたことが話せなかった。それを書いたから読んで」と先生はおっしゃいました。この本は、教科書の内容の前と後に先生が伝えたかった特別な内容が書いてあるのです。前には化学という学問はどのようにしてできてきたのか、人間はどうしてこんなことを考えたのかという歴史があります。そして、最後に書いてあるのが環境問題です。

都先生は、化学は本当にすばらしい学問で、新しいものをつくってきた。それはとてもすばらしいけれども、やはり環境を考えないで、化学を進めてはいけないとおっしゃっています。たぶん今の化学の教科書には、入っていると思います。でも、先生が教えていらしたころは、それはありませんでした。化学がおもしろいということだけではなく、環境のこと、自然のこと、人間のこと、社会のこと、全部考えなければいけないと、心の中で思いを巡らせていらしたのだけれど、教科書にないから教えられなかった。そのことを書かれ、しかも私たちにくださいました。そのころ先生は70歳ぐらい。すごい方でしょう。都先生に憧れたのはそういう魅力があったからだと思います。

都先生がお辞めになるときに、先生の生徒で理科系の大学へ行った仲間たちが集まり、ありがとうの会をやりました。そのときに、ほとんど全員が、自分が理科系に進んだのは都先生みたいになりたかったからだと話していました。私だけだと思っていたのです。いいところを見つけたと思っていた。そしたら、みんなそう思っていた。またここでも普通の女の子ね（笑）。でも、みんながなりたいと思えるような先生にめぐり会えたのは幸せです。きっと皆さんにもそういう先生がいらっしゃると思います。それがこの分野に入ったきっかけです。だから、私は自分に才能があるとか、これで活躍してすごいことをやろうとか思って理科系に進んだのではないのです。先生みたいになりたいというだけで入ったのです。

それから60年経っているわけですが、今、自分が歩んできた道を振り返ると、本当にこの道を歩んできてよかったと思っています。運がよかったと言うことかもしれませんが、皆さんもそういうめぐり会いがきっとあると思うので、それを大事にしてください。もちろん、ご自分の才能を生かすことは大事です。でも、出会いを見つけてみてください。

生きものはずっと持続可能

そこで大学では化学に進みました。そこでまず出会ったのが、『Dynamic aspects of biochemistry』という本です。上級生が教えてくれて仲間で一緒に読んだのです。Biochemistry、「生化学」です。生体内の化学がいかにダイナミックであるかということがわかってきたという内容の本です。体の中にある物質の動きが細かく書いてあったのですが、それまでに習った化学と全然違っていて、びっくりしましたね。

クエン酸回路（ＴＣＡサイクル）と呼ばれるもので、アミノ酸、リン酸、糖など体の中で大事な役割をしている物質が、化学反応が起きて、どのように変化し、エネルギーをつくっているかを示しています。今はもう教科書の最初に載っていることですが、私はそのとき初めて知りました。物質たちがお互いにかかわり合いながら、体の中を動いています。私たちは何をするにもエネルギーが必要ですね。糖がさまざまに反応して、エネルギーがつくられるところがわかってきましたというのがこの本です。中心にあるのがＴＣＡサイクルです。

物質は、少しずつ少しずつ変化して、ゆっくりと体に必要なエネルギーをつくり出していくのですが、最後には元の物質に戻っていく。循環しているのです。エネルギーを使わない生きものは1つもいませんから、あらゆる生きものの中でこれがはたらいています。ＴＣＡサイクルは、すべての生きものの活動の基本です。バクテリアにも人間にもある。エネルギーがなかったら何もできません。今も皆さん、エネルギーを使っています。座っていて動いていなくても、頭の中ではたくさんのエネルギーを使っています。

社会でモノをつくるときも、エネルギーを使います。原材料を混ぜて、製品をつくります。でも、直線の反応ですし、途中で副産物が出たり使った後はごみになる。モノをつくればつくるほどごみが出ます。今、そのせいで環境問題が起きていますね。ごみがたまり、それで環境が汚れて困っています。今までは、大量にモノをつくることがすばらしいとされてきたけれど、どうもそれではだめだということがわかってきましたね。ごみはたまり、環境は汚れ、

クエン酸回路を中心にした代謝マップ

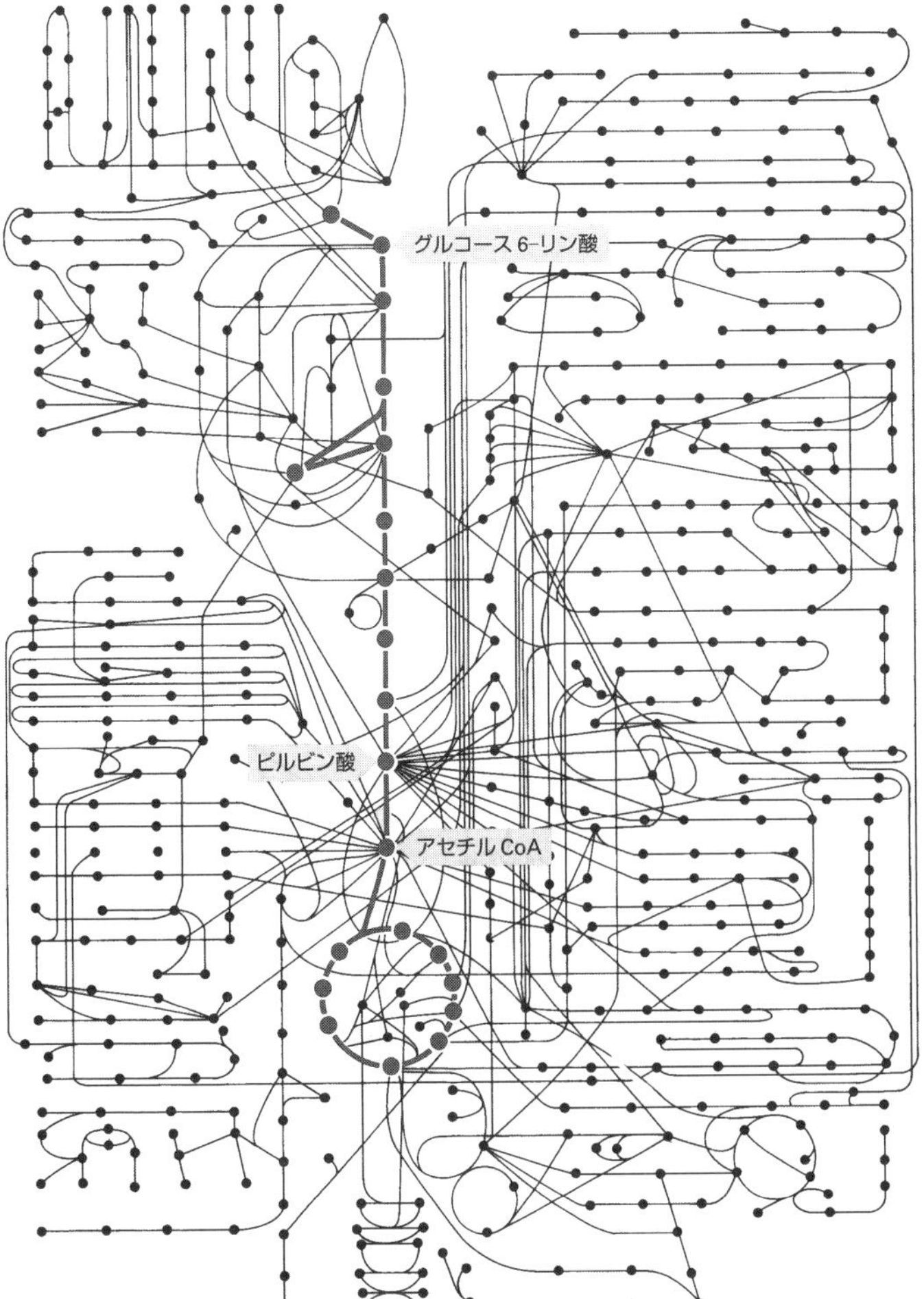

クエン酸回路
資料:『Essential 細胞生物学』著:B.et al. Alberts 、翻訳:中村桂子 / 松原謙一(南江堂)

これでは地球がもちません。

そこで、持続可能な社会をつくっていかなければなりません。今のままでは持続可能ではない。持続可能社会にするには具体的にどうしたらいいのか。そうですね。リサイクル社会にしましょうと言われています。モノを捨てるのではなく、リサイクルして循環型にする。仕方がないから、もう一度原料に戻しましょうという考えです。ところで生きものは初めから回していますでしょう。リサイクルでなくサイクルなのです。エネルギーと基本物質をつくるという、生きものの中で一番大事な反応は、回っているのです。だから、生きものは38億年も続いている。持続可能です。もちろん1人1人は死にます。1人1人は死ぬけれど、生きものはずっと地球の上に続いている。生きものはグルグル回しているからです。

科学技術を開発して、新しい物質をつくるということを進める。それが化学であり、それがおもしろいと思っていたけれど、バクテリア1匹がやっていることのほうがすごい。リサイクルと言うけれど、私たちは本当に回すことはできていないのですから。ごみはどうしても出てくるでしょう。それを生きものは完璧に回しています。

オードリー・ヘップバーンとDNA

化学の道へ進もうと思っていたけれど、生物の化学がすごいことがわかり、そこで悩みました。生化学とは大学1年生のときに出合いましたけれど、当時の大学には生化学という分野がありませんでしたから、化学科に入りました。

化学科では、世の中にはこんなにいろいろな物質があるということを教えていただきました。その中で炭素化合物が次々と出てきます。まずエタン、次にエチレンというように、炭素化合物は生きものに関係するので関心を持って聞いていました。すると最後に、最近こういう興味深い物質が発見されたと教えられました。

それがＤＮＡです。今では中学校の教科書にも書いてあるけれど、この構造は１９５３年に発見されました。私が大学に入ったのは55年ですから、発見されたばかりで、日本でこの構造を知っている人は数えるほどしかいない時代です。びっくりしました。二重らせんになっていて、しかもそれは体の中で非常に大事な役割をしているというのですから。二重らせん構造は美しく、それが身体の中でどのようにして存在しているのか興味深く惹かれました。本当にこんな構造があるのか確かめたくて、竹ヒゴと紙粘土で模型をつくりました。10塩基、1巻分。おそらく日本で最初の模型だと思います。実物はどこかへいってしまいましたが写真は残っています。

最近は皆さん、あまり映画を見ないかもしれないけれど、テレビが家にきたのは高校3年生のとき、もちろん白黒です。ですから、映画を楽しみました。そこできれいな女優さんがらせん階段を下りてくると、うっとりしていましたね。一番憧れたのはオードリー・ヘップ

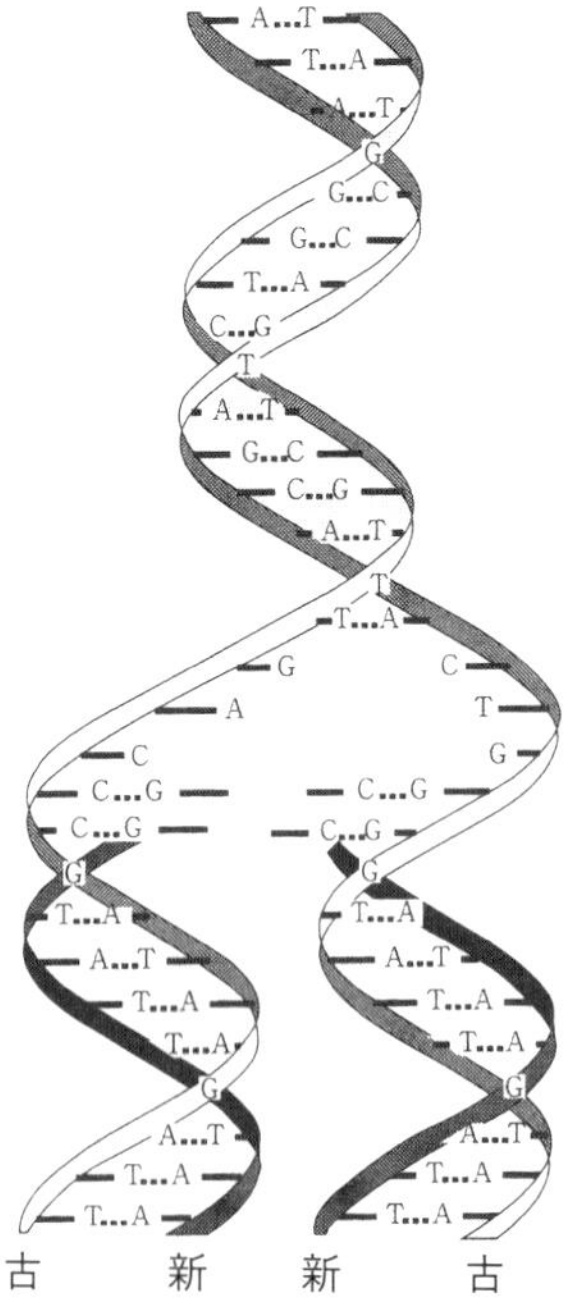
A…T
T…A
A…T
G
G…C
G…C
T…A
C…G
T
A…T
G…C
C…G
A…T
T
T…A
G
C
A
T
C
G
C…G
C…G
C…G
C…G
G
G
T…A
T…A
A…T
A…T
T…A
T…A
T…A
T…A
G
G
A…T
A…T
T…A
T…A
T…A
T…A
古
新
新
古

DNA の二重らせん

バーン。『ローマの休日』や『マイ・フェア・レディ』。そういう映画でのらせん階段とDNAの二重らせんのイメージが重なり、好きになったのです。

しかもDNAの二重らせん構造は、自分と同じものをつくる性質を持ち、分裂して2つの細胞ができると、まったく同じDNAがそこに入る。遺伝子だということです。大学でTCA回路とDNAの2つに出合って、大学院に入るときには化学でなく分子生物学に進もうと思いました。チョウやトンボなどの生きものを追いかけるのとは違う、体の中で行われている反応を知るという生物学で、とても新しいものでした。

「女子」は除かれていた就職活動

化学科のクラスメイトは25人、大学院進学より就職が多かったのです。私が卒業した1959年はまだ日本は貧しい時代でした。食べ物もおなかをすかせることはなかったけれども、今のようにフレンチやイタリアンレストランで学生が楽しむという状況ではない。だから、化学でよい材料をつくり、生活を豊かにしたいというのが若い私たちの願いでした。若い大学生の希望でもあったけれど、社会全体の希望でもあったのね。だから、会社がどんどん若い人を採用していました。もう昔のことだからいいでしょう。会社に勤めている先輩がごちそうをしてくれて、この会社へ来いよと誘われる時代です。25人のうちの24人はそうでしたが、私のところにはだれも来ませんでしたね（笑）。就職のときになると、会社からの募集が出ていて、受けたい人は受けにいくわけです。私より数年下の人たちは、その募集のところに「女子は除く」と書いてあると怒っていました。今考えたら、とてもけしからんことですけれど、当たり前のように「女子は除く」と書いてあったのです。じつは私が受けるときは「女性は除く」は書いてありませんでした。そもそもいないと思われていたのです（笑）。そのぐらい無視されていたときですし、だから、ごちそうもしてもらえなかったし（笑）。そのようなわけで、公務員か先生になるしかないという状況でした。でも私、あんまりカチッとしたのが好きではないので、ちょっと向いていないと思いました。このときも普通の女の子の感覚でしたね。

反対されてもやりたかったDNA研究

そこで、これだけおもしろいことを見つけたのだから、もうちょっと勉強しようかなと思い、大学院に入りました。指導教授は渡辺格《いたる》先生で、DNA研究を日本に持っていらした方です。DNAの二重らせん構造は、1953年にワトソンとクリックが見つけました。アメリカやヨーロッパでは、DNAの重要性は認識されていて研究は始まっていたのですが、1945年までは日本はアメリカやイギリスと戦争をしていました。しかも敗け戦ですから、アメリカやイギリスでどんな学問が進んでいるかなど全然わからなかった。戦争が終わってみたら、すごいことが起きている、ＤＮＡがすでに研究されているのだということがわかりました。けれど、そのことに気がついて、これを勉強しなければいけないと思った人がそんなに大勢いたわけではありません。数えるほどでしょう。その中のリーダーが渡辺格先生です。先生がいらっしゃらなかったら、日本のＤＮＡ研究はこのように進まなかったと思います。

たまたま運のいいことに、渡辺先生が大学院にいらしたので、勉強してみたいのですとお願いにいきました。そうしたら「何を研究しているかわからないだろうから、まず研究室に来て、若い人たちにどんな研究をしているか、よく聞きなさい」と言って、先生はアメリカに行かれてしまいました。そこで、研究室に行ったら、渡辺先生が「おもしろい女の子が研究したいと言っているから、来たら入れといてやれ」と言われたというのです。今は入学試験があって大変ですのに、申しわけありません。でも、そういう時代でした。

当時、化学はとても人気があって、引く手あまたでしたけど、分子生物学はだれも知りません。会社の人はもちろん知らない。人気がないのです。ですから、じつはクラスメイトに、それはばかげているからやめなさいと言われました。せっかく化学というすばらしい、これからの社会に役に立つことを一緒に2年間勉強してきたじゃないか。それなのに何でわけのわからない、だれも認めていない、これから何が起こるかわからないＤＮＡ研究に行くのか。

やめなさいといさめられました。でも、やっぱりこのらせん状のＤＮＡ、きれいだと思ったのです（笑）。そういうわけで、クラスメイトのいさめを聞かず、渡辺格先生の研究室へ行きました。

自分さえ納得できればいい

そのとき社会で流行っていたり、求められているといっても、それってかなり短いのです。このときから50年、長いと言えば長いけれど、歴史の中で見たら短いですね。私が若いときの流行は化学と原子力でした。クラスメイトも化学と原子力の専門家が多いです。今、クラス会で会うと、原子力を一生懸命やった人と一緒にこれからの問題を考えたりしています。大事とされたことを一生懸命やってきたのであり、私はそれは評価します。でも、化学や原子力のあり方を見直し、これからを考えていかなければいけません。そのとき「君はよかったね」と言ってくれます。50年たったら、生物学がおもしろくなったとみんなが認めてくれます。50年もあれば変わるのです。私に50年先が見えていたわけではありません。そんなの見えるわけがありません。大学生ですから。ただ、私は何かこれが好きだ、大事だと思ったのです。たまたま私はおもしろい分野に入れたから、運がよかったのです。もし生物学が今のようにならなくても、自分がこれは大事だ、これは好きだといって選んだのですから、納得できますよね。今流行っているからといって選んだら、納得しにくいでしょう。ですから、世の中がどうとか、ほかの人がどうだからということよりも、好きとか、気に入ったとか、おもしろいとか、もっと知りたいとか、そういうことが大事なのではないかと思っています。

普通に、一生懸命暮らす

大学院ではＤＮＡの研究を一生懸命やりました。ＤＮＡはＲＮＡをつくり、それをもとにして、たんぱく質ができるという関係は学校で習っていますね。ＤＮＡのはたらきの一番基本です。私が大学院に入ったころは、まだどういうふうにしてこれが起こるかがわかっていなかったので、私はこのＲＮＡに注目しました。私が注目したというより、渡辺先生が大事だということをたくさん教えてくださったのです。たんぱく質をつくるものはアミノ酸で、それには、グリシン、トリプトファン、アルギニンなど20種類あります。この20種類を並べてたんぱく質にするのですが、順番を正確に並べないと、求めているたんぱく質ができません。それを正確に並べるためにＲＮＡがはたらきます。ＤＮＡの情報を伝令するｍＲＮＡ、アミノ酸を運搬するｔＲＮＡ、それからたんぱく合成の場であるリボソームのｒＲＮＡの３種類あります。この中のｔＲＮＡはグリシン用のｔＲＮＡ、トリプトファン用のｔＲＮＡ、アルギニン用のｔＲＮＡというように20種類あって、それぞれが正しいアミノ酸を運んで連結させる役割をして、たんぱく質をつくります。今は高校生でも習っていることですが、私のときはこれがわかっていなかったのです。それで、それぞれのｔＲＮＡは同じものなのか、違うものなのか。同じｔＲＮＡが全部を運ぶのか。それぞれに特別のｔＲＮＡがあるのかという問いを立てて、別々のｔＲＮＡがあることを見つけたのが私の修士の研究です。今は教科書に書いてあることです。

大学院に進んでも、有名になるとか力を持つとかいうことは考えたことはありません。この私のやり方が正しいとか正しくないとか言っているのではありませんが、ただ、自分が大事と思うことを考え、すばらしい人との出会いを大切にしていこうということだけを基本にしてきました。それは普通の女の子だったからできたことだと思うのです。それがむしろ今はよかったなと思っています。あんまりピリピリしたり、トゲトゲしくなったり、思いつめたりしないで、普通に好きなこと、おもしろいと思うことを見つけて暮らしていくというのが私の生き方の基本であり、今ではそれがよかったと思っています。

第二章

「生きる」を考える

生きもの38億年の知恵

「生命科学」をつくった江上不二夫先生―生きもののことを第一に考える

ここからは生命誌につながる話です。

渡辺先生は、日本全体を考えるためには東大だけにいてはいけないとおっしゃって京都大学へお移りになってしまいました。そこで、その後は江上不二夫先生の研究室に入りました。江上不二夫と渡辺格のお二人とも、私の本当に大事な先生で、しかもこの2人が日本の生命科学分野をつくられたと言ってよいと思うのです。私は本当に運がよいです。渡辺先生には置いていかれたのですが、その後も弟子としてかわいがってくださいました。2人のすばらしい先生にずっと弟子としての教えをいただけたという、日本の中でもほかにはこんな人はいないという状況になったのです。本当にありがたいこと、なんと運がよいことかと思います。

1970年に「生命科学」という言葉をおつくりになったのが江上不二夫先生です。生命科学という言葉は、今皆さんは普通に使っていますね。でもそんなに古くからある言葉ではありません。

江上先生は、生化学が専門です。DNAやRNAがたんぱく質という物質のはたらきで生きものを調べ、「生命とは何か」を考えていく学問です。それが本当に生きものを知ることにつながっているだろうかという、とても大事なことをお考えになって、新しく「生命科学」

という分野をおつくりになりました。

DNAを基本に生きもの全体を見る

先生は3つのことを考えられました。まずは生物学のありようです。生物学ではバクテリア、チョウ、クマ、カシノキなどいろいろな生物を研究します。何千万種類という生きものが地球上にはいます。生物多様性といい、とても大事なことです。多様な生きものがいるということが、この地球のすばらしさですね。そこで微生物学、動物学、植物学などとさまざまな学問でそれぞれの生きものを研究してきたわけです。けれども、研究が進む中で、どの生きものも全部細胞でできていることが明らかになりました。そして、細胞の中にDNAが入っており、重要なはたらきをしていることを見つけたのが20世紀の生物学の一番大きな仕事です。生きものってこんなにいろいろいるけれど、みんなDNAを持った細胞でできている。それが偶然であるわけはない。進化を考えると祖先は1つなのだろう。DNAを持った細胞がいて、そこからだんだんいろいろな生きものが生まれたのだろう。これが今、研究者が考えていることです。ですから、動物学、植物学、微生物学というように分かれたり、遺伝学、発生学といって研究する学者もいたりと、さまざまな生物学が別々に研究を進め、関係がない状態にあるのはおかしいわけです。生命現象を研究しましょう、生命とは何か、生きているっていうのはどういうことかを考えよう。それには、DNAを持つ細胞を基本にして植物も動物も含めた生きもの全体を見る学問をつくりましょうとおっしゃいました。「生命科学」という新しい学問の提案です。

人間って何なんだろう？

2番目が、人間のことです。人間は生きものですね。動物の中に入ります。でも、動物学の研究室では人間は研究しません。ネズミなら解剖したり、腸内の代謝を解析してみたりします。でも人間は研究しません。人間の研究は医学と人類学で行われてきました。でも、人間は生きものですから生命とは何かと問うとき、ヒトという生きもののことも考えなければいけません。もちろん人間を動物学教室で解剖しましょうという意味ではありません。生命とは何かと考えるときには、その中に人間も入る。人間も生きものの1つとして、人間とは何なんだろうと考えなければいけないとおっしゃったのが2番目です。

生きものとしての人間であること

3番目には、社会のありようです。先ほども言いましたが、私が高校生や大学生のときはまだ社会は貧しかったのです。豊かさを求めていました。そこで大量生産をした結果、環境問題が起きました。1970年には問題が起きていました。「公害」と言われていました。

例えば、水俣病です。水銀汚染による公害病です。チッソという会社がアセトアルデヒドをつくるのに水銀を触媒として使用し、その後で海へ流しました。不知火海と呼ばれるとてもきれいな海です。それは太平洋にもつながっていますから、そこへ流せば大量の水の中で薄まると思ったのです。有機水銀が毒ということはわかっていましたけれど、薄まれば大丈夫と考えて流したのです。ところが海は水ではなかった。ここが大事なところですね。海には水があんなにたくさんあるのだから、流せばよいと思っていたら、じつは海は水ではなかったのです。

何だったのか。海には魚がいますね。生きものたちがたくさんいる場所なのです。プールのようにただ水がたまっているところではありません。海は生きものの世界です。そこで、水銀はプランクトンの中に入り、プランクトンを食べた魚の中に入り、魚を食べた人間の中に入る。しかもそれはだんだん濃縮されていきます。人間が水銀の入った魚を買って食べる。獲れたての魚、ピチピチの魚をおいしいねと言って食べたら、その中に水銀が入っていたわけです。

しかも当時の科学としては本当に今でも悔やまれることがあります。妊娠しているお母さんの子宮の中には胎盤があり、赤ちゃんとお母さんがつながっています。胎盤ではお母さんのほうから栄養分を送るのですが、異常なものが入ってきたら赤ちゃんにとって大変ですから、それは入らないようにしている膜があります。有毒なものが入ってこないような構造になっているのです。だから、水銀は赤ちゃんにはいかないだろうと思われていました。これを科学者も信じていました。ところが意外なことに水銀は通過し、おなかの中の赤ちゃんが神経性の疾患になってしまいました。胎児性疾患です。人間の体について科学ではまだわかっていないことがたくさんあるのですね。わかっていると思い込むのはこわいことです。

そこで江上先生は海は単なる水ではなくて、ちゃんと海には生きものがいるという当たり前のことを学者がちゃんと考えていなかったことを、とくに生物学者として反省しなければいけないとおっしゃって、生きものについて考えた科学技術を進めようとおっしゃったのです。1970年です。まず学問をつなげて生命とは何かを考えましょう。2番目に人間のことも考えましょう。私たちがつくっていく科学技術はいつも生きもののことを考えましょう。この3つを基本に置いたのが生命科学です。すばらしい考え方だと思いませんか?

人間は生きものであり、自然の一部であることを忘れない。江上先生から受け取った私のキーワードです。人間は生きものだというのは当たり前のことです。でも、今の世の中、そのようにできていません。生命を基本にする社会をつくりましょう。これが私の皆さんへのメッセージです。

何のために生きる？

私が強く心を惹かれる方に、神谷美恵子さんという女性がいます。『人間をみつめて』『こころの旅』などの本を出されている医師です。科学を基本としながら、生命と心に向き合い、そこから生きることはどういうことかを考えた方です。今から40年も前に、職業と家庭の両方を大事に、自然な形で生きられました。当時、差別の対象になっていたハンセン病に関心を持たれ、26歳から医学の勉強を始められたのもすばらしいと思います。本当に大事と思われたからこそ、これからでは遅いなどとは思われなかったのでしょう。

今、昔よりも社会で女性が活躍しやすくなりましたけれど、やはり仕事か家庭かと問われます。この言葉には違和感を感じますね。一日24時間が人生ですね。仕事も家庭も、日常生活すべてを1人の人間として生きる、自分の生き方を通すということが大事なのではないでしょうか。どんなときでも、私なのですから。これには男性も女性もありません。いつも自分として生きることが大切ですね。もっとも現在の社会では男性は仕事本位、時には自分の属する組織がすべてとなっている面があります。女性は社会で活躍しにくかったのも事実です。でも逆に、自分で生き方を選べる自由があると前向きに考えることもできます。神谷さんの日記を読んで、そのような生き方をみごとにしていらっしゃることに心を打たれ、私が思っていることを実現している先輩としてすばらしいと思いました。女性も男性も、こういう生き方が普通になったとき、生きることを大事にする社会になると思います。

1966年に、神谷さんが書かれた『生きがいについて』という本からは、たくさんのことを教えられます。「生きがい」は、生きる意味や価値、何のために生きるのかということにつながる大事なことです。女性にとっての生きがいとして、結婚し、子どもの成長や家族の健康を支えることが第一にあげられてきました。でも、社会が急速に変化して、その中で幸せを見つけることという簡単な話ではなくなった。そこで、人間や人生を問わずに生きがいを考えることはできないと書かれたのが、神谷さんです。

今も同じでしょう。むしろ問題はもっと深刻になり皆が考えなければならないことになっていると言えます。モノやお金は豊かになったけれど、何か物足りない、何をしたらいいのかわからない、という人が年齢や性別を問わず増えています。女性も結婚して子どもを育てるという1つの答えでないことは当然です。正しい答えは難しくてわかりませんが、生きていること、人間であることをきちんと見つめなければいけないことは確かです。神谷さんのおっしゃる通りです。モノづくり以上にお金が中心になっていますけれど、お金への欲望は限界が見えませんでしょう。そのせいで、競争が激しくなって人の心に余裕がなくなり、心の病気になる人も生まれ、人間が壊れはじめています。何が大事かわからなくなっている。これについては後でもう少し丁寧に話します。

これからの時代は、生命を基本にする社会にしたいと思います。というより、そうしないと人間は生きていくことが難しくなると思います。そのためには、何よりも、そこに暮らす人間が、生命が大事であることを忘れずに、自分はどう生きていきたいかをきちんと考えて生活していくことだと思います。

生きものはつくれない

生きもののことを基本に考えるということを、具体的に日常の言葉で考えます。例えば「つくる」という言葉です。自動車をつくるときは、設計図や部品が必要です。部品を組み立てて自動車工場でつくっていくのが「つくる」ということですね。

ところで皆さん、お米をつくると言いませんか？　農家の人がお米をつくってくれますと言いますね。お米はつくれるでしょうか。お米用の設計図を描き、部品を集めて、工場でお米をつくるでしょうか？　つくれませんね。お米をつくるというときに、実際に農家の人がなさるのは稲を育てることです。田んぼに苗を植えて、5月ごろになったら、かなり育っていますね。そして秋に稲刈りをします。稲って生きものでしょう。生きものを育てているのですね。

自動車工場ですと、こちらの工場のほうが効率よい方法を考えて、お隣の工場よりも速くつくれるということができます。隣の工場では3日かかっている工程をうちは2日にしようとか。そうしたらお金が儲かってよいとなります。

でも、日本でお米をつくろうとしたら、基本的には春に植えて、秋に収穫します。日本は弥生時代からお米をつくっていたと言われています。最近は縄文時代の終わりごろにもお米をつくっていたらしいとも言われています。縄文時代や弥生時代の人たちも、おそらく春に植えて、秋に収穫していたのでしょう。もちろん今は品種改良をして、おいしくしたり、収量を上げたりしていますけれど、春に植えて秋に刈るという基本は今も同じです。1年に1回です。

自動車をつくることに比べたら、効率が悪いですね。経済の言葉を使うと、生産性が悪いのです。お金儲けがあまりできない。だから機械をつくる工業のほうがすぐれている、農業は遅れていると考えることになりました。そこで、工業製品を大量につくり、それを売ってお金を得て、食べ物を買えばよい。自分たちで食べ物をつくるのは効率が悪いと考えるようになったのです。

それは本当だろうかというのが私の問いです。効率が悪いから、食べ物は自分たちでつくらないでいい、お金で買えばいいという判断がよいかどうかという問いがあります。食べ物はお金だけで判断するのではなく、自分たちで安全でおいしいものをつくらなければいけないと思うのが生きものとしての普通の感覚です。安全で、おいしい食べ物を食べるには自分たちの手で生産することです。

このごろ、子どもをつくるとも言いますね。皆さんももう少し先、結婚するとたぶん周りの人から「まだ、子どもをつくらないの」と聞かれるでしょう。子どもはつくれますか。お米もつくれませんが、人間の子どもはもっとつくれませんね。子どもは生まれるのです。生きものですから、昔の言葉では子どもは恵まれると言いました。自動車は隣の工場よりもよいもの、速く走るものをつくろうとなります。そのほうがお金が儲かるから、かっこいいものをつくろうとなります。規格通りの自動車、合わない自動車があり、後者は市場に出ません。そこで、子どももつくると考えると、速く走れる子、頭のよい子、鼻の高い子などという判断が入り、そうでないとだめとなる。それはありません。生きものは1つ1つがあることに意味があり、多様だからすばらしいのです。

第二次大戦で敗戦後70年の間に日本の社会は変わってきました。物理的には豊かになり、それは大事なことですが、私がここで考えたい、生きものとして生きるという、普通の目で見ると、今の社会の中心で活躍している方は、経済成長で力をつけることが最重要としています。経済は大事ですけれど、単に成長だけを考えるとその陰で地球環境問題、激しい競争に疲れた人々など、気になることが次々に起きます。普通の暮らしを大切にしようとすると、ちょっと違うと思えるのです。

人間は自然の一部

そこで、人間は生きもので自然の一部であるという、私が一番大事にしていることを改めて考えてみます。当たり前のことです。子どもは生まれるものであってつくれません。子どもは機械と違って、1人1人が独自のものを持ち、それぞれが存在することが大事です。わかっていると思うかもしれませんが、私が言う人間は自然の一部であり、生きものであるということの具体的内容を聞いてください。

地球には何千万種類もの生きものがいる

私の専門である生命誌という考え方です。「生命誌絵巻」と名付けた、生命誌の考え方を、どなたにもわかっていただけるように、美しく描いたもので説明していきます。私の仕事の基本です。

絵巻は扇の形をしており、その一番上のところを天と言います。そこにはいろいろな生きものたちが描いてあります。イモリ、ヒマワリ、キノコなど皆さんそれぞれお好きな生きものを探してください。右端にはバクテリアがいます。ここでは地球上にいる生きものすべての

生命誌絵巻

１つ１つの生きものが持つ歴史性と多様な生きものの関係を示す新しい表現法として考案した図。扇の要は、地球上に生命体が誕生したとされる３８億年前。以来、多様な生物が生まれ、扇の縁、つまり現在のような豊かな生物界になった。多細胞生物の登場、長い海中生活の後の上陸と種の爆発など、生物の歴史物語が読み取れる。
原案：中村桂子　協力：団　まりな　絵：橋本律子

のことを考えます。まずはみんなの身近なもの、今この部屋から外へ出たら、校門まで木があり花壇がありますね。花が咲くところには、チョウが飛ぶでしょう。地球上には本当に多様な生きものがいます。生きものについて考えるとき、まず、浮かぶのは多様性です。キノコにも、マツタケ、シイタケ、シメジなどいろいろあるわけで、それら生きものの名前を全部挙げていったら、どのぐらいの種類があると言われているでしょう。教科書には、175万種類と書かれています。大変な数ですね。でも、これで全部ではありません。

世界中の人たちが、ギリシャの時代から何千年もかけて調べて、名前をつけてきたのが175万種類ということです。研究者は、ヨーロッパやアメリカ、日本など先進国に多い。先進国は大体温帯にあります。日本もそうでしょう。でも、生きものがたくさんいるのは熱帯雨林です。熱帯雨林は中米から南米、アフリカ、そして東南アジアにあります。日本からは遠い場所です。でも、私たちに関係ないかというと、そんなことはありません。木は二酸化炭素を吸って、酸素を出してくれます。地球環境問題の中でも重要な課題である温暖化は大気中の二酸化炭素の増加と平行して進んでいます。人間が石炭や石油を燃やしてエネルギーを得ると、二酸化炭素をたくさん排出します。ところで二酸化炭素は、化学の力で別の形にすることがとても難しいのです。光合成はそれをみごとに行っている。つまり、木がたくさんある熱帯雨林の重要性は言うまでもなく皆が気づいています。一方、多様性の宝庫としての熱帯雨林についても考えなければなりません。

1980年ごろ、アメリカの自然史博物館の人がアマゾンの70メートルほどの木を下から燻《いぶ》して、虫を落としました。下に敷いたビニールに、落ちてきた虫を調べたのです。その標本を昆虫学者に見せたところ、4％しかわかりませんでした。96％は知らないということです。私たちはまだ熱帯雨林にいる生きものの96％は知らないということです。そこには数千万種もいるはずです。新種を発見すると、発見者の名前が付きますからそういう楽しみもあります。私たちは自然について知っていると思いがちですが、じつはそのぐらいしかまだわかっていないのです。自然はまだまだわからないことだらけです。人間は、何でも知っているという気持ちで自然を見ないようにしましょうと言いたいのです。

すべての生きものはたった1つの細胞から生まれた

ところで現代生物学は、すべての生きものは細胞でできていることを明らかにしました。熱帯にいるまだ知らない生きものも、細胞でできていることに変わりはありません。細胞の中に必ず入っていて、とても大事なことをしているDNAの研究も進んでいます。生きものはとても多様だけれど、DNAの入った細胞でできているというところは共通です。

こんなにいろいろなものが偶然同じということはないでしょうし、進化についてもわかってきたので、祖先は1つと考えることになりました。多様な生きものがいるけれど、祖先は

1つということです。DNAの入った1種の祖先細胞から進化してきたと考えられます。どこで、どんな細胞が生まれたのかは、今研究中です。38億年前の地球の海に祖先の細胞がいたことはわかっており、現在のバクテリアに近いものであったろうと考えています。

生命誌絵巻の左端には人間が描いてあります。この絵巻の中に自分がいることをイメージしてくださいい。ほかの生きものたちと一緒に今地球の中で生きているのです。生きものとして。自動車はだれかが組み立てるけれど、あなたたちは組み立てられたわけではありません。生まれてきたのでしょう。ご両親がいらしたから生まれてきたのね。で、両親は? そのまた両親がいらしたから生まれたのでしょう。とすると、両親、両親とたどっていくと、人類の祖先まで戻りますね。私たち現代人の祖先は20万年前ほど前に現れました。

DNAを比べることでわかってきたのですが、地球上の人、どこの国の人も全部アフリカにいた1万人ほどの祖先に戻るのです。イギリス人、中国人、日本人、南米の人もみんなアフリカに戻ります。現在の人は皆ホモ・サピエンスと呼ばれる1つの種の仲間であることがはっきりしています。最初に地球上に生まれた人類は600万年ほど前です。その後さまざまな人類が生まれたのですが、なぜか皆滅びてしまい、今残っている種は1つなのです。

ところで、人類はどうやって生まれてきたのか。その先にも祖先がいるわけです。どんな祖先かはわかっていません。ただ、私たちと一番近い仲間はチンパンジーとわかっています。ホモ・サピエンスからもっと古い原人や猿人まで戻ると、600万年前になりますが、そのとき生まれた私たちの祖先はチンパンジーと共通の祖先を持っていたということは言えます。その祖先からチンパンジーと人間とに分かれた。チンパンジーは哺乳類の仲間です。では、哺乳類の仲間はどうやって生まれてきたかと、先へ先へと戻っていくと、恐竜もその仲間であるは虫類、更にはカエルを含む両生類と戻ることができます。それらは骨がある仲間、脊椎《せきつい》動物であり、始まりは海の中の魚です。生命誌絵巻は下の方がブルーで、上が黄色になっていますが、ブルーの部分が海です。陸に動物が上がったのは4億年ぐらい前、植物が上がったのは5億年ほど前。魚の祖先をたどっていくと、絵巻の最下部、つまり扇の要《かなめ》に戻ります。逆に言うと、私たちはここから始まって、いろいろな生きものの姿を通って、進化をして、人間になったのです。38億年かけて。

皆さんそれぞれ両親から受け継いだDNAを持っているのですが、それは38億年前から続いているものであり、あなたたちの中に入っているDNAには38億年の歴史が書いてあります。祖先細胞から始まり、どうやって人間になってきたかが記してあるのです。キノコを調べれば、キノコはどうやってキノコになってきたかが調べられるし、イモリを調べれば、どうやってイモリになってきたかがわかります。イモリも親、そのまた親と戻るわけですから、体の中に38億年の歴史が入っているわけですね。あらゆる生きもののDNAの中に38億年の歴史が入っています。祖先は1つですから、すべての生きものがそこからの歴史を持っています。生きものは38億年という歴史がなければここには存在しないのだと思うと、どんな小さな生きものにも生命の重みを感じるのではないでしょうか。

イモリと人間はどっちがすごい？

絵巻の右端にはバクテリアが描いてあり、キノコ、ヒマワリ、ゴリラ、人間など何千万種類もの生きものが描いてあります。普通、生きもののことを考えるときに、バクテリアは単純だから最も下等、虫けらはこの辺で、ゴリラは私たちに近いから人間の近くに置くという描き方をし、人間を一番上に描きますね。でも生命誌絵巻は、生きものは皆、祖先から同じ距離に描いてあります。どんな生きものも38億年の歴史を自分の中に持っているという意味では同じです。上も下もありません。すべての生きものは、歴史を共有している仲間であるという事実を確認したいと思います。

例えば、イモリと人間はどちらがすばらしい生きものかと考えてもよくわかりません。イモリは再生能力にすぐれているので、眼を失っても再生してきます。トカゲは尻尾を切られても、また戻るでしょう。イモリやトカゲの仲間は自分の体を作り直すのが上手なのです。今、iPS細胞が開発され再生医療が話題になっています。私たちも、ちょっとした傷なら皮膚が再生して治りますけれど、腕を失ったら、自然に再生はしません。再生能力を比べればトカゲやイモリの方がすぐれています。一方、トカゲの脳と人間の脳を比べると人間の方が多くの能力を持っています。違う生き方をしている。みんな、それぞれ違う、自分の能力を生かして、違う生き方をしているので、どちらがすごいかという比べ方はできません。それぞれの生きものが、それぞれの能力を生かして生きているすばらしさを感じとることこそ、生きものを知る上で大事なことでしょう。

「地球に優しく」は違う

人間は生きものだということは、人間もすべての生きものの中にいてその一部だということです。文化・文明を持つという特徴はありますが、生きものの1つであることは確かです。現代人は、人間はほかの生きものより上、絵巻でいうと扇の外の上の部分にいるように思っているのではないでしょうか。自動車をつくったり、ジェット機を飛ばしたり、ほかの生きものができないことができて、すごい。何でもつくれる、特別な存在だということで人間は扇の上にいると思っているような気がします。

そういう気持ちを表している言葉として、私が気になるのは「地球に優しく」という言葉です。とてもすばらしい言葉に聞こえますね。地球に優しくします。あまりごみは出さないようにしますとか、環境問題をよく考えますという意味で言っているということはわかります。言っている人の気持ちはわかりますが、地球に優しくと言うのは、上の世界にいると思うから言えることです。そうではなく、地球やその中に暮らす生きものたちに優しくしてもらって、お互い優しくし合おうね。そうしないと、私たち人間は生きていけないねというのが事実でしょう。人間は生きもの、自然の中の一部なのですから。

人間が人間を壊している

人間は扇の外にいると思っている今の社会は、金融市場原理、つまりお金の力で動いていますし、力のある国になるために科学技術を進めましょうという流れになっています。もちろん豊かになり、便利になるという、ほかの生きものにはできない人間らしい生き方は大事ですから、科学技術や金融市場原理を完全に否定するわけではありません。けれども、人間は生きものだということを忘れて、経済や技術のことだけを考えている社会は問題です。生命・自然を考えてほしい。38億年も地球で続いてきた生きもののことを考えましょうということです。私たちが大量にモノをつくったり、エネルギーを使ったりしていると、自然を壊してしまう。これが地球環境問題になります。人間も自然の中にいるのですから、それは私たちにとっても困ることです。

ところで、自然を壊す、環境問題と言うと、木が少なくなったとか川が汚れた、ごみが増えたという、外の自然だけに目がいきます。でも、みんなも自然なのです。自然を壊すとい

現代社会が自然との関係で持つ問題点

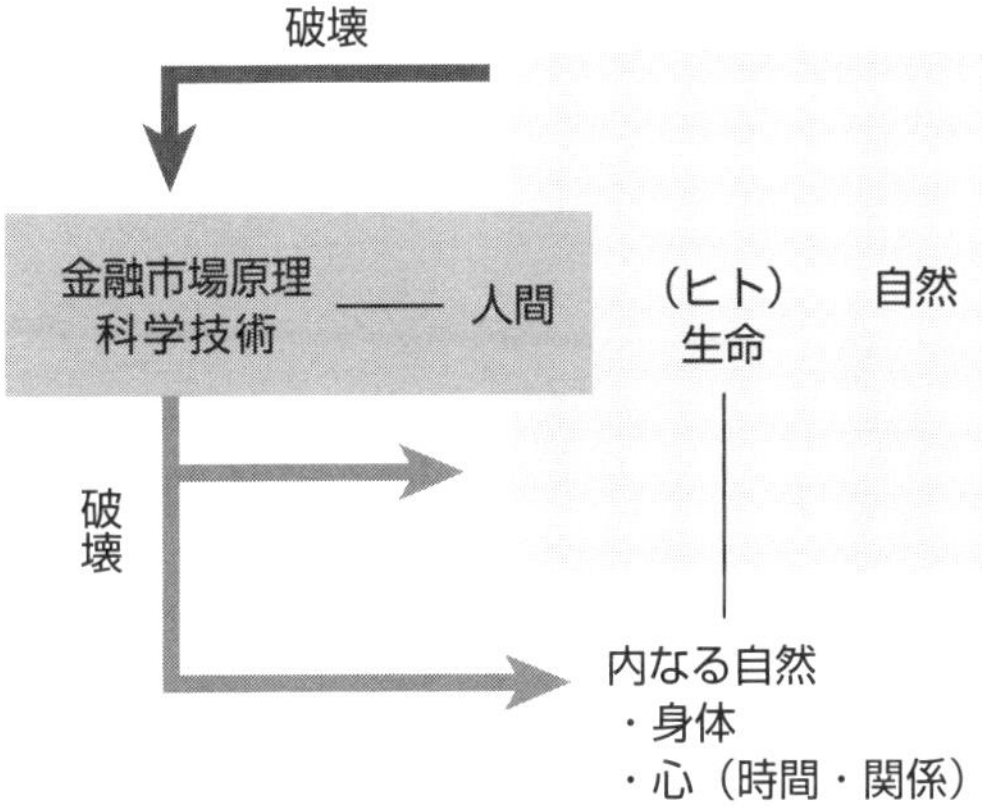

うことは人間も壊すということです。まず、人間の体が壊れるということ。例えば、花粉症、アレルギーなど自然の変化とともに体への影響が出てくる例があります。それから心も壊れていると思います。あまりにも競争が激しくなる中で、心が壊れてしまう例が出ています。競争はあっていいのです。女子サッカーでなでしこジャパンが活躍するのはすばらしいことです。しかし、社会の仕組みが競争を強く意識させるものになっているために、心が壊れる人が増えているのは問題です。

具体的にはあまりにも効率を求めすぎて時間をかけることができない。それから人間関係を壊している。生きものにとって、そして人間にとって、時間と関係はとても大事です。時間をかけること、関係を大事にすること。人間同士の関係はもちろん、ほかの生きものたちとの関係もとても大事です。自然を壊すということはそういうものを壊します。外の自然破壊には多くの人が気がついています。だから、環境問題を考えましょうという声は大きくなっています。でも自然を壊す行為は人間も壊すという感覚はあまり持たれていないのではないでしょうか。それは怖いことです。バランスを考えていかなければいけません。そういうところからも人間は生きものだと考えることはとても大事だと思います。

生きものの中の70%は昆虫

生命誌絵巻で描いた生きものの世界、とくにさまざまな生きものの38億年の歴史物語を読み解きたい。その中での人間を考えたら、どう生きるかが見えてくるのではないか。そう考えて研究館を始めました。

生命誌研究館では、とにかく生きものたちの「生きている」様子を見つめ、そこからどう「生きる」かを考え、生命を大切にする社会づくりへの道を探っています。生きものをよく見て、生きものの魅力を実感し、生きることについて考えています。生きているとはどういうことかという基本的なことをしっかりと考えて、それを生活の中に取り入れ、そして生命を大切にする社会をつくる方向に繋げていきたいのです。機械はどうやって動いているのか、お金はどうしたら増やせるのかを知ることも必要でしょうけれど、その前に生きているってどういうことだろうと考えることが大事だと思いませんか。1人1人がちゃんと自分の道を生きるために、生きものが生きている様子をよく見てみる必要があると思っています。

ここからは具体的な研究の話です。小さな生きものたちが語ってくれることを聞いていきます。多様性が基本と言いました。熱帯雨林で調べた多様な生きものは昆虫でした。生きものの中の70％は昆虫なのです。何千万種類もいる中の70％は昆虫ですから、多様性の代表選手は昆虫です。そこでまず昆虫を調べてみようと考えました。

オサムシが、日本列島の成り立ちを教えてくれた

オサムシという昆虫を知っていますか。カブトムシはよく知っていますね。カブトムシほど立派ではないけれど、同じ甲虫の仲間です。この虫は、地面をただ歩いているだけで飛べません。昔は羽があったのだけれど、背中にくっついてしまって飛べません。じつはヨーロッパには羽が美しく光る仲間が多いので「歩く宝石」と呼ばれ、蒐集《しゅうしゅう》している人がたくさんいます。日本にいるオサムシたちは、あまりきれいではないのが残念なのですが、でも好きな人は多いのです。多様性をこの昆虫で調べました。

多様性を調べるときに、私たちが用いるのはＤＮＡです。以前は形で比べていましたが、今はＤＮＡを比べて、どのくらい違うのかを調べます。今は私たちの親子鑑定にも使われて

います。あなたたちの持っているＤＮＡはご両親からきているわけで、ＤＮＡを比べると他人とは違う親子のつながりが見えてきます。親戚だったら、赤の他人よりは近くなるわけです。ＤＮＡを比べると、関係の近さがわかります。家系図ができます。

そこで日本のオサムシを集めて、ＤＮＡを分析しました。オサムシたちはいくつかの家系に分かれました。その仲間がそれぞれ住んでいるところを調べると、北海道にいるのは似ている、九州にいるのは似ているというふうに分かれました。当たり前ですね。オサムシは飛べませんから。チョウだったら、九州のチョウが北海道に飛んでいくこともありますけれど、オサムシは、地面を歩いているので分布は限られます。オサムシの中でマイマイカブリと呼ばれる首の長い仲間のＤＮＡを調べて仲間分けしていくと、東北の地続きのところで分かれたり、間に海がある離島でも分かれていなかったりします。この境界は何でできているのか。ＤＮＡ研究からはそれはわかりません。

そのとき、日本列島の形成史を研究している先生が「これはおもしろい」とおっしゃったのです。何がおもしろいのか、私たちにはわかりませんでした。

およそ２５００万年から１８００万年の間に、日本列島はアジア大陸から離れ太平洋上に移動しました。その後分割が起き大きく４つに分かれました。今でも箱根で噴火したり、あちこちで地震が起きていますし、地面は動いています。離れたりくっついたりしながら、日本列島ができてきたのですが、列島が４つに分かれたときにオサムシも４つに分かれていま

ミトコンドリア遺伝子を用いて調べた日本オサムシの系統進化

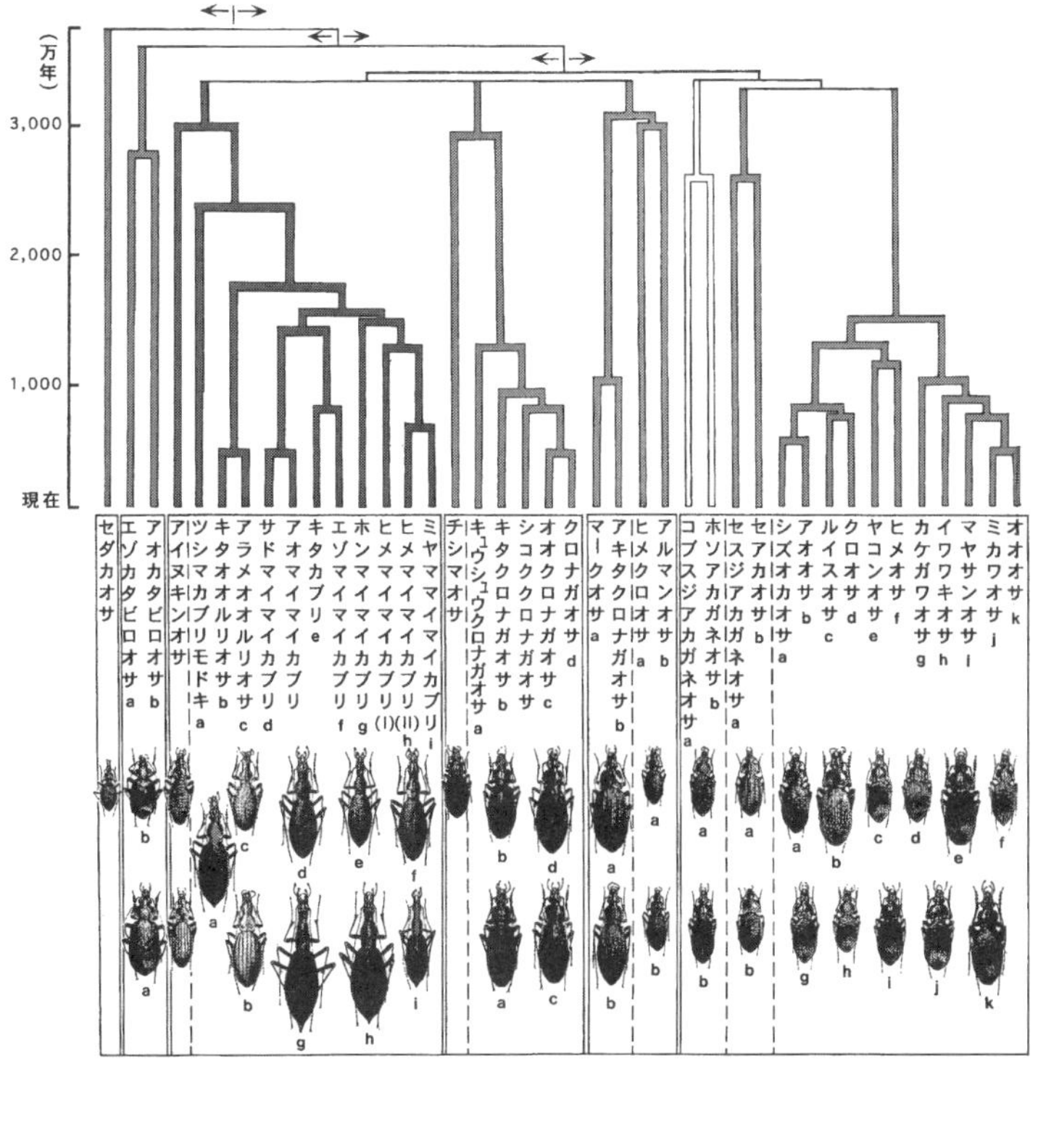

オサムシ研究と日本列島形成研究のつながり

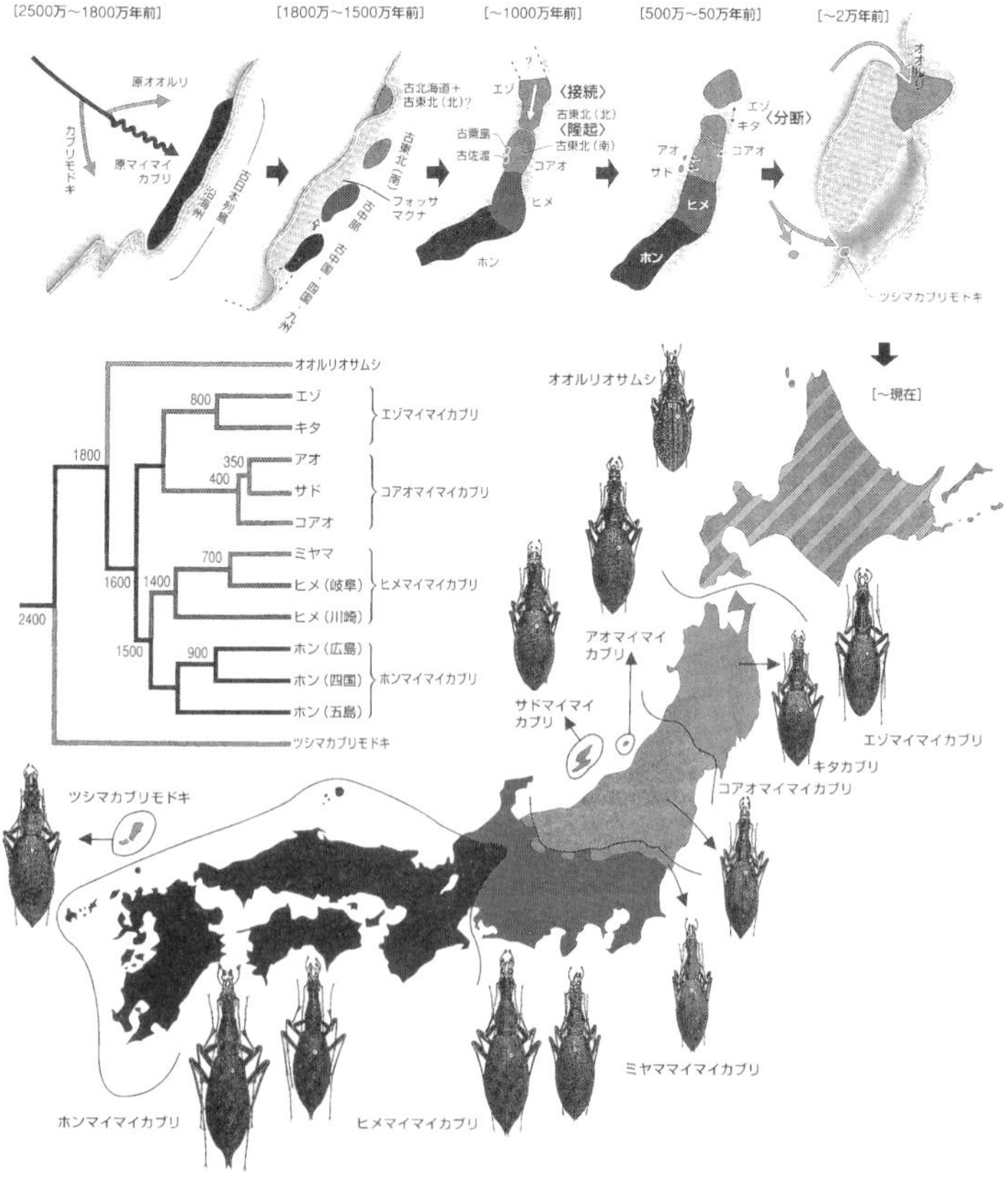

す。日本列島の形成とオサムシの進化が並行しています。オサムシはアジア大陸を歩いていて、地面が動いたのでしょう。オサムシたちは飛べませんから、地面が離れたら地面に乗っているしかありません。陸はまたくっつきましたが、離れていたときの記録がオサムシの分布として残っているわけです。

私たちは、オサムシの仲間の研究をしていました。そうしたら、そのオサムシたちが、日本列島がどうやってできてきたかということを教えてくれたのです。生きものを調べると地球の動きがわかるなどということは初めての体験でしたから、生物学と地質学両方の研究者がびっくりしました。ここでみんなに考えてほしいことは、学問や研究とは何かということです。研究者になる人がいるかもしれませんから。今の研究は、私は生物学だから生きもののことを研究します、私は地質学だから地面のことを研究します、というように分かれています。地面の上を虫が歩いているのは当たり前のことです。それが自然です。この当たり前のことを考えずに、生きものだけ、地面だけ見ていたら自然を見ていることにはなりませんね。私たちはびっくりしましたが、オサムシはただ地面にいただけだよと言うでしょう。自然は地面と生きものが分かれているわけではない。いつも一緒に動いています。それが自然です。私たちはその全体を見ないと「生きている」ことを見ることにはなりません。生物学者も地質学者も専門分野だけ見ている。たまたま、オサムシの例から、自然は全体がつながっているのだから、学問や研究は部分的に見ていてはダメだとわかり、今では自然全体をよく見ていく気持ちが持てるようになりました。最近は、大陸の大きな動きと生物の移動を結びつける研究はたくさん行われています。人間の移動も研究されています。地球で生きものたちが暮らしているのですから、地面の動きと生きものの動きとがつながっているのは当たり前です。小さなオサムシがそういうことを教えてくれたのです。

生命誌を始めるとき、「普通に」生きることをよく考えようと思ったのです。そしてオサムシ研究がそれを具体的に示してくれました。この研究の中心になってくださったのは大沢省三先生で昆虫少年がそのまま大きくなったような、すてきな方です。研究者にはそのようなところが必要なのだと思います。普通に考えたから、大学などの研究者が考えていなかったことができているのかもしれません。これからも普通を大切に考えていきたいと思っています。

1.5ミリのハチが森をつくっている

熱帯雨林にはさまざまな木がありますが、その中でとくに大事とされている木があります。キープラント、つまり鍵になる植物です。1年中いつでも、実がたくさんなっているから鍵の木なのです。「森」は「木」を3つ書きます。もうちょっと小さな集団である「林」は、木を2つ書きます。だから、森や林というと、私たちは木だけを考えてしまいます。でも、その中に昆虫やほかの生きものたちがいます。森や林はいろいろな生きものたちがいる場所、生きものを支える場所です。そのために、生きものの食べものが必要です。だから、いつも実がなっていることはとても大事なのです。

普段私たちが食べるイチジクは品種改良して大きくなっていますが、野生のイチジクは小さく熟した実を割ると、必ずハチが入っています。1.5ミリぐらいでイチジクコバチと呼びます。イチジクは実が花であり、花粉が中に入っています。イチジクコバチはイチジクの実に入り中で卵を産みます。そこで生まれたオスとメスは交尾をしますが、オスは羽も眼もありません。メスが出て行くためにイチジクに穴を大きく開けてあげると、そこで死んでしまいます。イチジクの中で生まれて死んでしまうという、ちょっとかわいそうな一生です。メスはオスが開けた穴から飛び立っていきます。そのときに、花粉を抱えて飛び出し、次のイチジクへ行きます。ハチは自分の子どもを育てるためにイチジクに来るのだけれど、イチジクの花粉を運んであげている。これを共生と言います。お互いに助け合っていますね。ハチのおかげでイチジクの実はいつもいっぱいなっているのです。

イチジクには700種ほどあるのですが、日本の西南諸島に生育している種類を用いて、イチジクとハチの関係を調べました。ガジュマル、アコウ、イヌビワという名前は聞いたことがあるでしょう。皆イチジクの仲間なのですが日本に生育する10種を用いて研究しました。まずイチジクの実のDNAを調べます。DNAが似ていたら近い仲間だとわかりますね。イ

イチジクとイチジクコバチの共進化

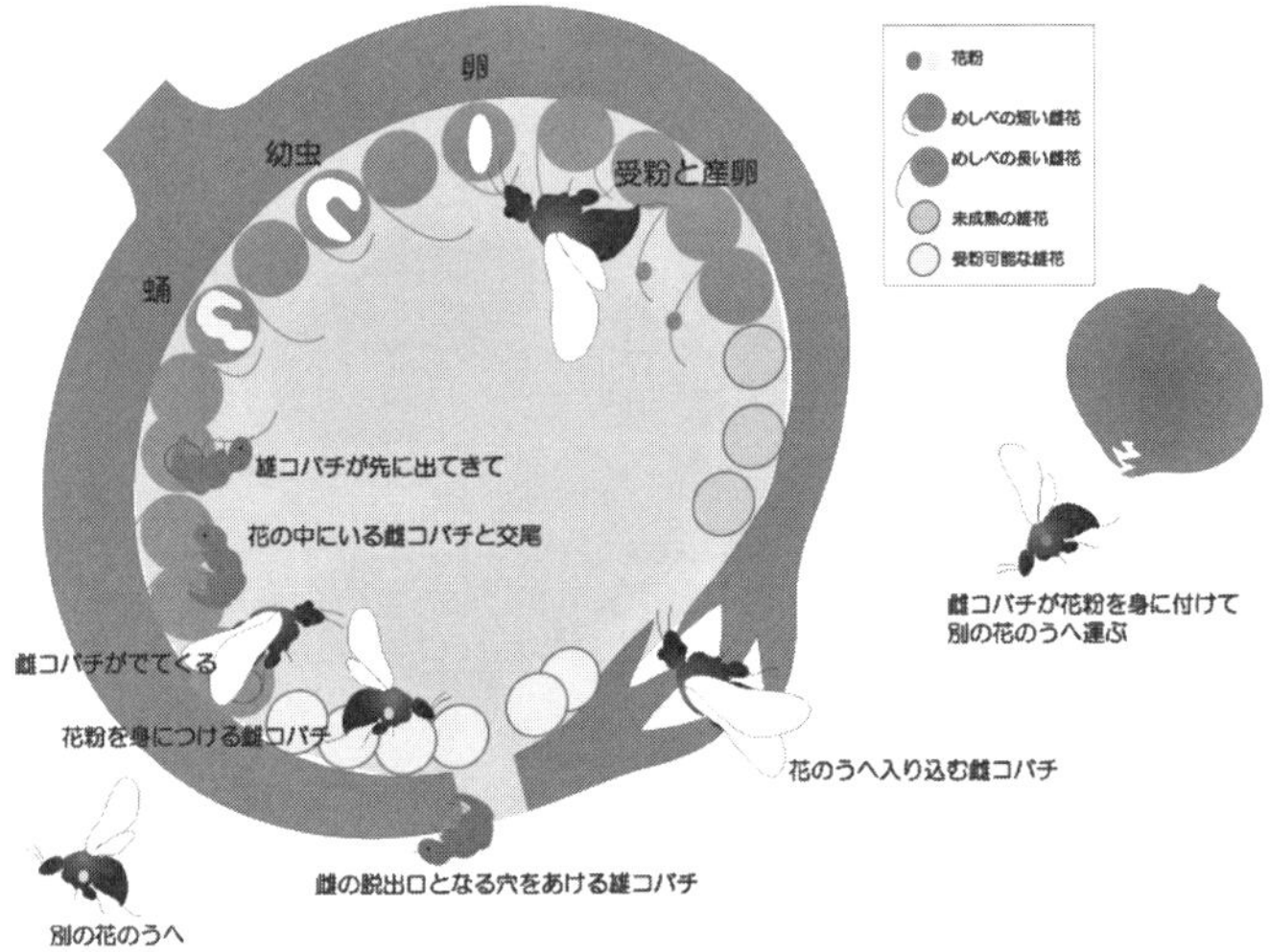

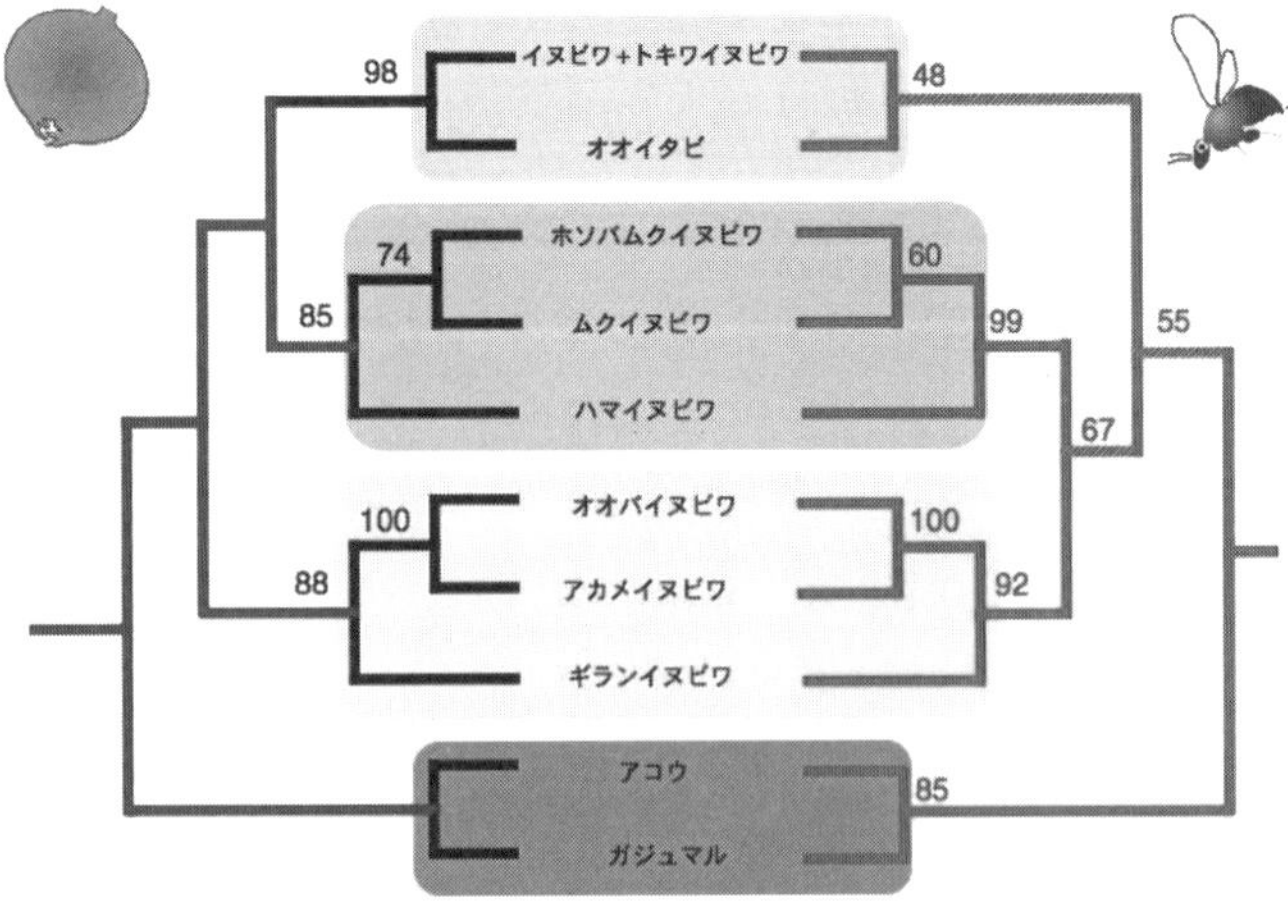

チジクの関係がわかり、イチジクの系統樹ができます。8000万年ほど前は、じつはイチジクは1種類だった。それがいろいろな環境に対応して分かれてきたことがわかります。

同じように、イチジクの中にいたハチのDNAも調べます。そうすると、これは驚いたことに、イチジクが兄弟なら、入っているハチも兄弟。とんでもない遠くの、DNAが全然違うハチが中に入っているということはありません。そしてハチもずっと前まで戻ると、5000万年には1つにたどりつくのです。ということは、ハチとイチジクは1対1の関係で助け合いながら、5000万年もの間ずっと支え合い、共に生きてきたということがわかります。長い年月をかけて、イチジクが多くの種類になっていくと、ハチも一緒になって種が分かれる。長い間、イチジクとハチはそうやって生きてきました。つまり、単に今共生しているだけではなくて、共に進化をしてきたということがわかりました。これを「共進化」と言います。イチジクもハチも自分たちが生きようとするために、お互いに深い関係になりました。そしてイチジクはいつも実がなり、大きな森を支えているわけです。この小さなハチがいなければ、イチジクはいつも実がなりません。いつも実がならなければ、あの森の生きものたちみんなを支えることはない。大きな森を小さなハチがつくったのだと言ってもよいと思います。すごい力でしょう。ハチは何も「私がそういうことをしてあげよう」と思っているのではありません。一生懸命生きているだけなのです。でも自然の中で大きな役割を担うことになりました。

今、人間が熱帯雨林を切っています。木を利用するためにだけでなく、畑にするために開発して切っています。大事な熱帯雨林の破壊はまずいということになって、みんなでもう1回植え直しましょうという運動があります。「10万本植えてきました」、「私は20万本です」と言っています。それは大事なことですね。でも、森には何百億本という木があります。ケタが違います。それをつくっているのは、この小さなコバチだということを忘れないでください。

昆虫と植物は生きものの多様性を支える基本です。イチジクとイチジクコバチのほかにもいろいろなかたちでこの地球上を支えています。だから、多様性のこと、それが生態系の中でどんな役割をしているかということを考え、「虫けらなんて」などとは思わず、生きものの力を感じてください。

チョウの脚と私たちの舌は同じ!?

身近なチョウを見ていきます。オサムシやイチジクコバチになじみのなかった人もチョウは知っていますね。チョウの中でも一番普通にいるアゲハチョウの研究です。クスノキがありますね。アオスジアゲハはクスノキが大好きです。チョウは2万種ぐらいいますけれど、祖先のチョウからいろいろな種に分かれてきました。これは一番よく知られているミカンの葉に来るナミアゲハです。

チョウの幼虫は食べる葉が決まっています。ナミアゲハはミカンの仲間の葉しか食べません。ちなみにキアゲハはセリが大好きです。人間だったら何でも食べなさいとお母さんが言いますが、チョウの子どもは偏食なのです。研究するにもミカンの葉を人工飼料にして育てます。

そこでナミアゲハのお母さんは、ミカンの葉に卵を産みます。子どもがミカンの葉しか食べないので、そこに産まなければ子孫が残りません。緑の葉はたくさんあるのに、どうやってミカンの葉を見つけているのでしょう。昆虫には触角がありますね。眼もあります。一見、触角や眼で区別していそうな気もしますが、じつは母チョウは脚で葉を見分けています。メスチョウの前脚を顕微鏡で見ると、先がかぎになっており、黄色い毛が生えています。これはメスにしかありません。母チョウは葉に止まった後、前脚でトントンと叩きます。とても速く。ドラマーがドラムを叩いているようなので、ドラミングと言います。少し傷をつけて、葉の中から染み出す成分を前脚の毛で調べ、これはミカンだなとわかったら、卵を産むのです。この毛には細胞が5つ並んでおり、その1つは機械的振動を知る役割、他の4つが葉の成分を知る役割をしています。細胞はチョウの脳につながっており、ミカンの味を判断するのです。それで安心して、母チョウは卵を産むのです。

ところで人間はどこで味をみますか。脚では見ません。舌ですね。「味蕾《みらい》」という名前を

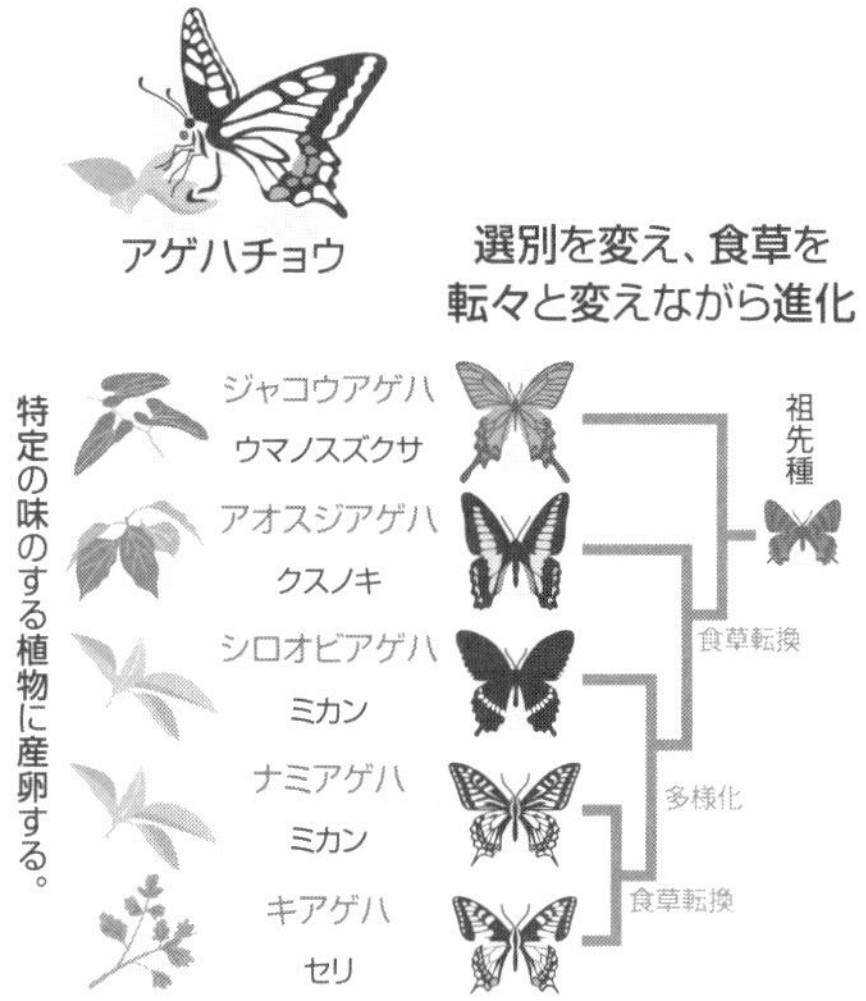
アゲハチョウ
選別を変え、食草を
転々と変えながら進化
特定の味のする植物に産卵する。
ジャコウアゲハ
ウマノスズクサ
アオスジアゲハ
クスノキ
シロオビアゲハ
ミカン
ナミアゲハ
ミカン
キアゲハ
セリ
祖先種
食草転換
多様化
食草転換

人工飼料で飼育

アゲハチョウの一生

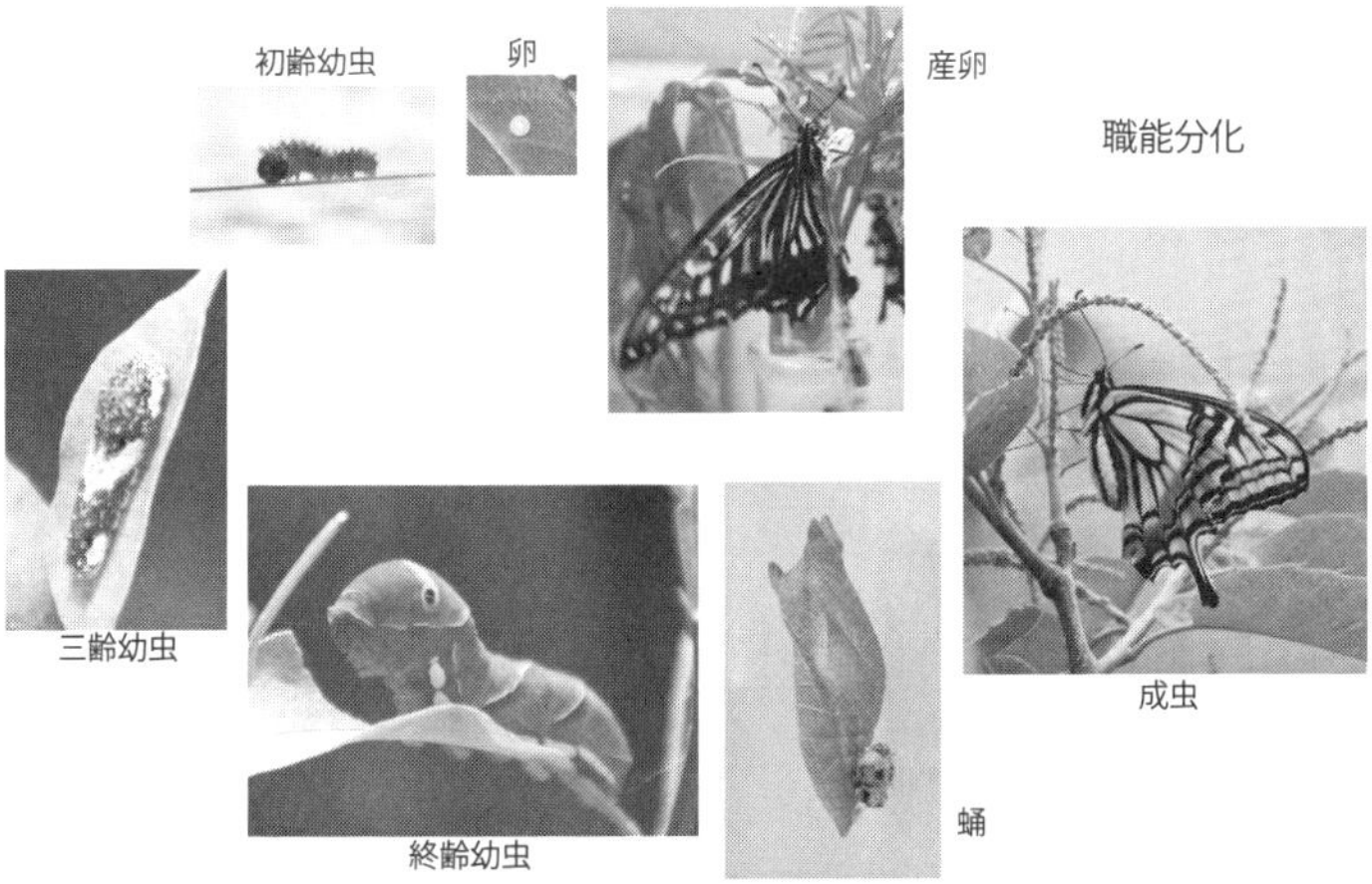

チョウの産卵

産卵実験

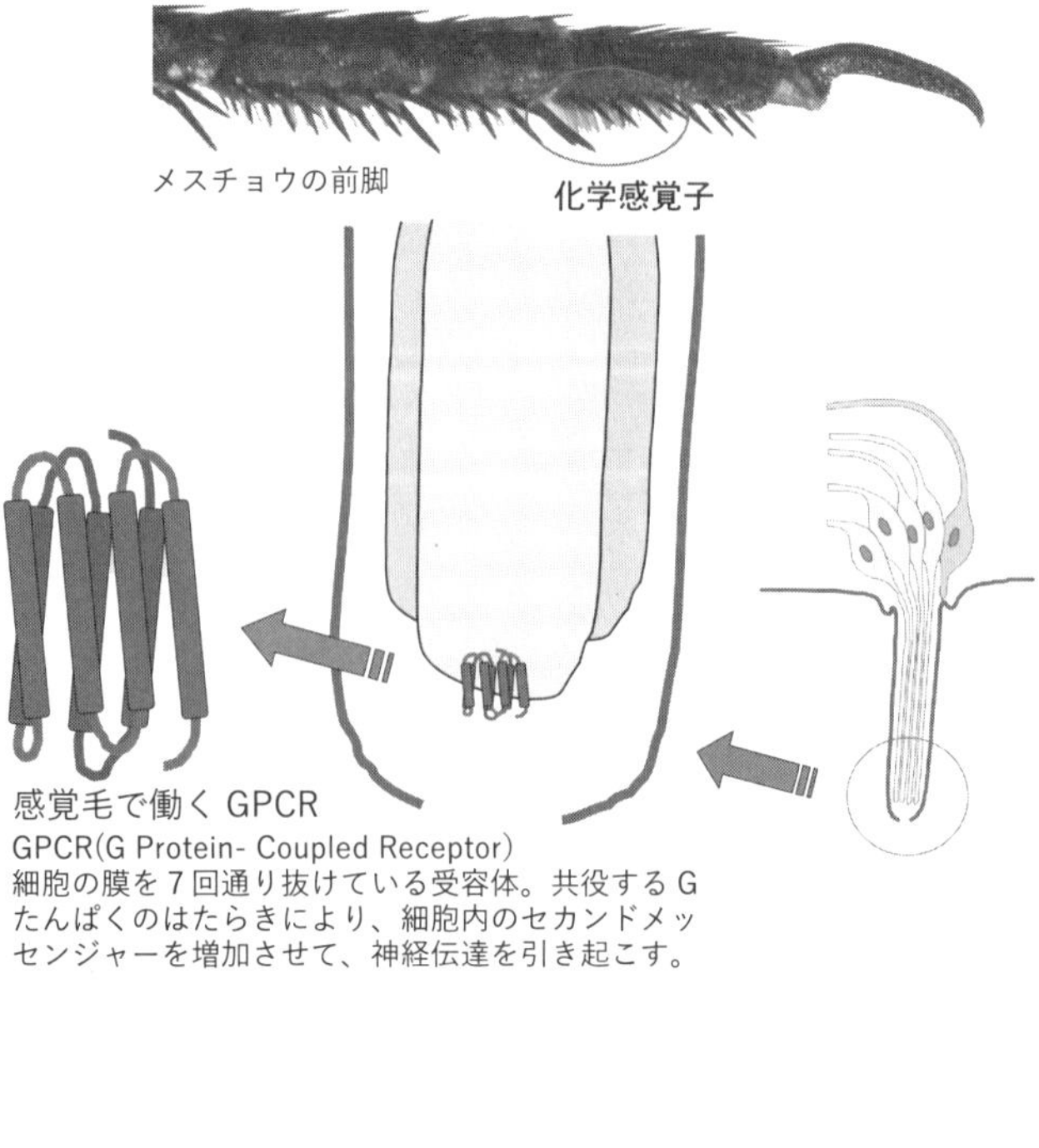

感覚毛で働く GPCR

GPCR(G Protein- Coupled Receptor)
細胞の膜を７回通り抜けている受容体。共役する G たんぱくのはたらきにより、細胞内のセカンドメッセンジャーを増加させて、神経伝達を引き起こす。

聞いたことがありますか。舌には味蕾という特別な細胞があり、甘味、苦味などを感じます。人間の舌の味蕾は、じつはチョウの前脚の感覚毛とまったく同じ構造をしています。味をみているのですから同じでいいはずですね。生きものは皆DNAの入った細胞でできており、同じ祖先から生まれてきたと言いました。チョウが味をみるときも、私たちが味をみるときも同じ細胞を使っているのは、共通の歴史を持っているからです。ヒトとチョウはまさに仲間なのです。人間が生きものだということには、このようなことも含まれています。ほかの生きものたちとつながっているのです。

私たちの体では外から入るさまざまな物質を受け止めるさまざまな受容体が働きます。味をみる細胞を調べると、先端に受容体たんぱく質があります。ところで、ミカンの葉にはさまざまな成分があります。その中でアゲハチョウ類が共通して感じる大事な物質としてシネフリンがあります。そこでシネフリンをろ紙に染み込ませて、さし出しますと、チョウは卵を産みます。緑でなくても葉の形をしていなくても、シネフリンがあれば子どもは育つと思って、安心して産むのです。小さな生きもののすばらしさ、親の偉大さの陰にはこんなメカニズムがあることがわかりました。そしてそのとき使っているのは、私たちと同じ細胞であることもわかりました。今度、チョウが飛んでいるのを見たら「脚の先に、私の舌と同じ細胞がある」と思い、これまでと違う気持ちになるのではないでしょうか。

ハエのようで、人間みたいなクモ

もう1つ、小さな生きものの話をします。生物には細菌類、菌類、動物、植物など大きな分類があり、動物はさらに節足動物と脊索《せきさく》動物に分かれます。節足動物の代表は昆虫です。外側に殻があります。脊索動物は、私たちのように中に骨がある仲間です。この2種類に共通の祖先があるはずです。多様な生きものがいるけれど、皆に共通な面もあります。共通性を探していくことは生きものの歴史を知るためにとても大事なことです。

脊索動物の代表はネズミやヒトです。節足動物の代表は昆虫、とくにショウジョウバエでの実験が行われてきました。小学校、中学校のころに、ショウジョウバエの赤い目、白い目の遺伝を調べたことがあるでしょう。でも、それだけではわからないことがあると思い、研究館でクモを調べ始めました。クモは節足動物ですが昆虫とは違う仲間です。オオヒメグモを飼い、卵から生まれ、形をつくっていくところを調べました。クモは卵のうという袋の中に200~300個ぐらいの卵を一度に産みます。透きとおったまん丸の卵からクモの形ができてくる様子を調べました。そこでクモの特徴が見えてきました。

生きものの身体には節があります。シャケの缶詰を食べると小さな骨が並んでいますね。皆さんの骨もそうです。全部つながっていたら体が曲がりませんね。節が必要です。節を作

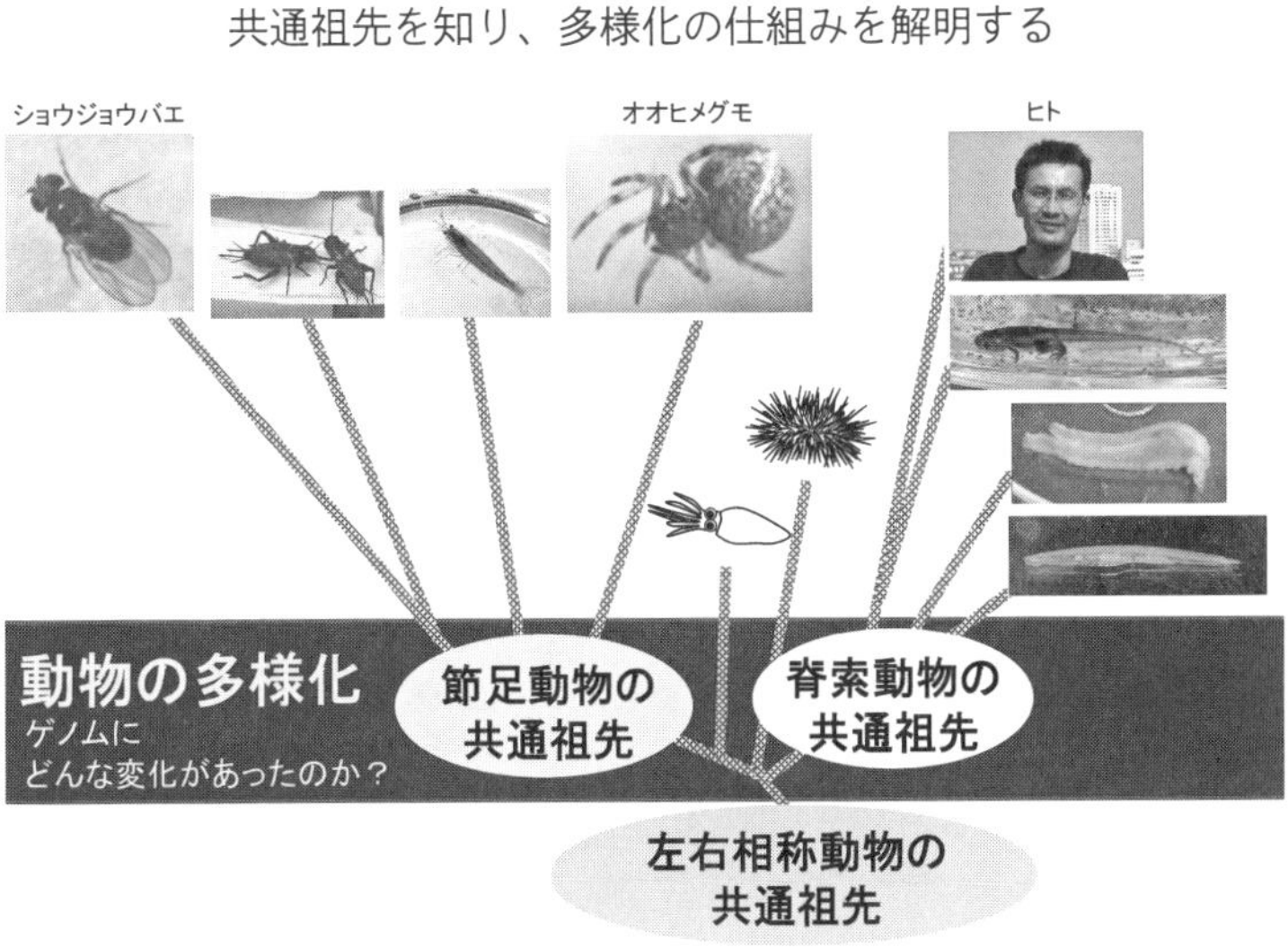
共通祖先を知り、多様化の仕組みを解明する
ショウジョウバエ
オオヒメグモ
ヒト
動物の多様化
ゲノムに
どんな変化があったのか？
節足動物の
共通祖先
脊索動物の
共通祖先
左右相称動物の
共通祖先

オオヒメグモ

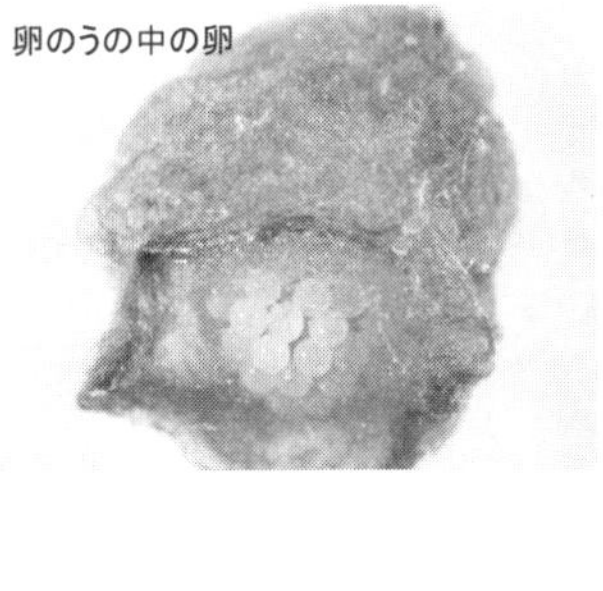
卵のうの中の卵

クモの体節作り

頭部では細かい２つに分かれる

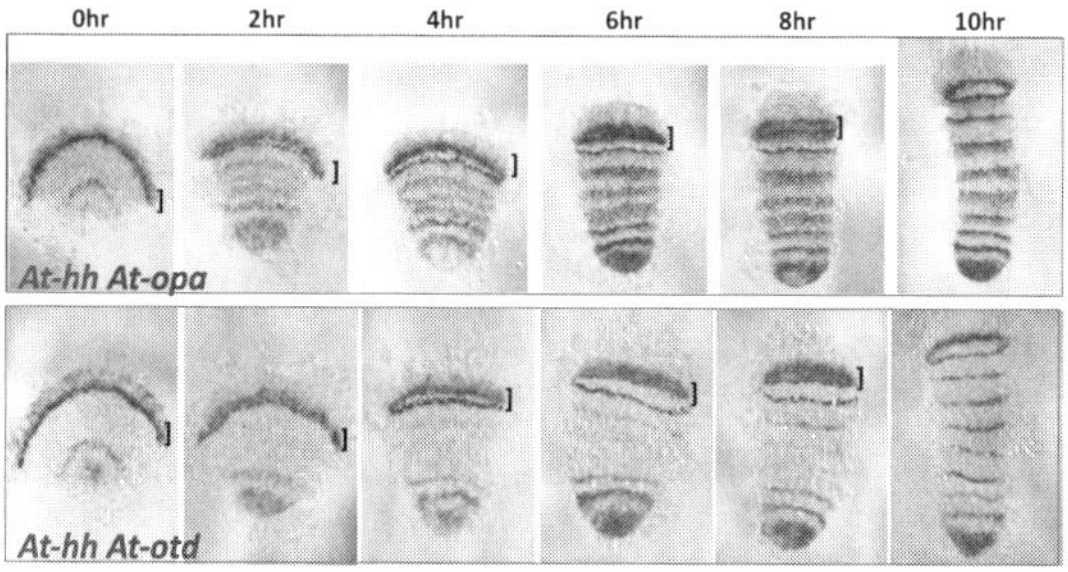

by Kanayama

胸部では縞がほぼ同時に現れる

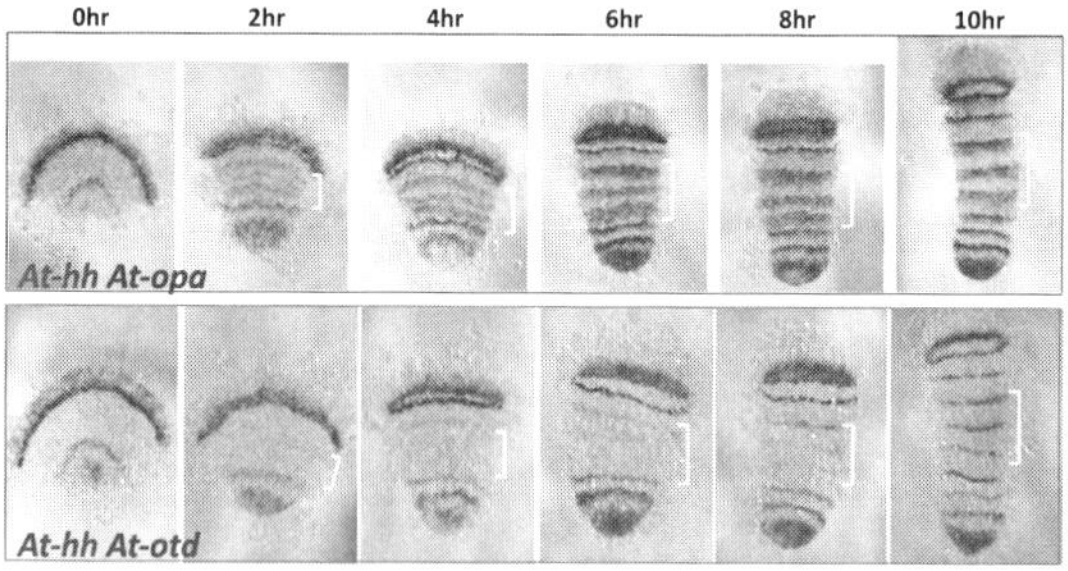

ショウジョウバエと類似

後退部では振動している

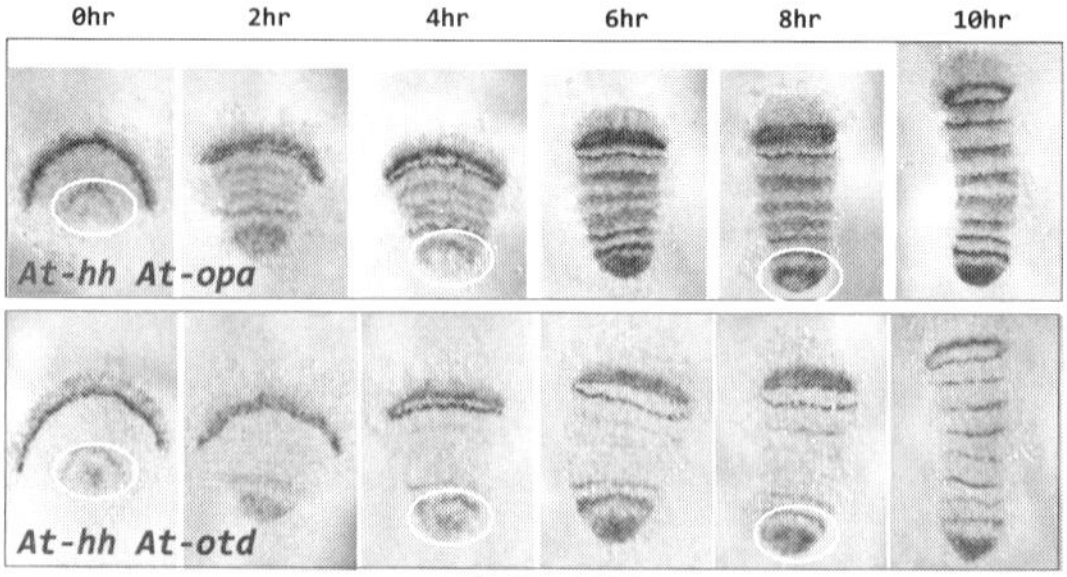

脊椎動物と類似

ることは身体を作る基本です。ショウジョウバエでも人間でも、みんな節ができていくので、それを調べるのが体作りの研究ではとても大事です。クモで節ができていくところを調べていったら、頭の部分ではまず節が1本できて、それが2つに分かれるということがわかりました。こうして節が増えていきます。

そして胸の部分では多くの節が一度にでき、尾部はオシレーションと言って、振動しながら節が作られていきます。じつは振動して波を作りながら節を作っていくのは脊椎動物です。一方、ショウジョウバエは頭から尾までの節を一度に作るのです。クモの頭は独自の方法です。そして胸部はショウジョウバエと同じように一度に作り、尾部は私たちと同じように振動しながら作ります。あの小さなクモの中にハエのような部分もあれば、ヒトのような部分もあるということです。また、クモにしかないところもある。これは祖先からすべてを受け継いでいるからに違いありません。これから先を調べていくのですが、小さなクモが長い長い歴史を語っています。とても興味深い物語です。

知識だけでは学問をやる意味がない

ここまで、普段は見過ごしてしまうような小さな生きものが、じつはとても見事な生きものの歴史物語を語ってくれるという話をしてきました。「虫けら」と、バカにしてしまいがちな生きものたちをきちんと調べていくと、本当にいろいろなことがわかってきます。そこから、「生きものって何だろう?」ということを考えていくことができます。これは生物学を基本とした学問ですけれども、学問は知識のためだけにやるのではありません。自分がどう生きるかということに生かしていかなかったら、学問をやる意味がないのです。

私たちは研究をしながら、「生きものは皆つながっている」ということを実感しています。ほかの生きものともつながっているのですから、人同士がつながっているのは当たり前です。災害などがあると、「つながりが大事」とよく言いますけれど、それは決して説教や道徳として「つながりを大事にしましょう」という話ではありません。クモやチョウをよく見たら、本当に生きものはつながりの中にあるとわかります。人間は生きものなのですから、それは忘れないでいてほしいのです。

あなたたちはもちろん、小さな子どもでも考えられますよね。チョウは私たちと同じなのだと思いながら、生きもの、自然のことを考えることができる。生命誌の研究は、生きていることの意味を人間が生きものであるということを基本にして考えようとしています。小さい生きものたちをよく見て、生きることの大切さを感じてほしいのです。彼らが地球のことを教えてくれるのだと思ってほしい。現実を知りながら考える。こうして生きるということを広く考えていくことができます。

今の社会は、あまりにもお金優先の考え方になり過ぎていると思いませんか。生きている姿をよく見て考えていくと、例えば、商品としての食品でなく、食べ物の大切さが自然に考えられるようになると思うのです。

また、遺伝子だけ研究していても、卵を産むところだけ研究していてもだめで、生きているとはどういうことだろうと考えて研究することが大事です。研究者は専門的に、狭いところ、ある部分だけを深く研究することが多いのです。もちろんこれは大事なことです。でも、自分の研究を、生きているとはどういうことかという、普通にだれもが考えることにつなげていきたいですね。ミカンの葉の成分を知る受容体の遺伝子を調べ、お母さんが卵を産むという行動までつなげて考えていく。それを自分の生き方に結びつける。そういう考え方で研究をしましょうというのが生命誌の考え方です。

みんな同じで、みんな違う

今の社会を本当に生きやすい社会にしていくために、女の人が持っている生活を大切にする感覚はとても大事だと思います。

私の一番の基本は人間は生きものだということです。もちろん人間が文化や文明を生み、経済を豊かにするのも大事だけれど、一番の基本は自分が生きものだということだと思います。それを大事にしないと、本当に生きていると感じることができないと思うので、自分で納得いく生き方をするためには、人間が生きものだと考えることが必要ではないかと思い、それを伝えたいのです。

地球上の生きものが多様であることの意味を理解し、それぞれが一生懸命生きることの大切さを思うことです。みんながバラバラで何の関係もなかったら、アリもいます、ヒマワリも咲いています、キノコがあります、で終わり。でも、どれも細胞でできていてＤＮＡが入っているという共通性があります。みんな違うということとみんな同じということが重なり合っている。私たちが生きものを見るときの一番の基本です。それを知ること、見つけることはとても楽しいのです。ＤＮＡを基本にして生きもの全体を考えると、地球上の生きものの共通性がわかり、おもしろいのです。日常で見えるのは、いろいろな生きものがいるという多様性ですね。だから、研究して生きものの共通性を見つけ出すことは、学問としてやりがいがあるし興味深いことです。そして、アリもヒトも基本的には同じという共通の部分を見ると、ではなぜアリはアリでヒトはヒトなのか、どこから分かれたのかという疑問がまた生まれます。その繰り返しが学問です。生きものの共通性と多様性を考え続けることが大事なのです。

現存の生きものの祖先は1つです。それはいつ、どこで生まれたのかは、まだわかっていませんが、38億年前の地球の海の中には祖先になる細胞がいたと思われます。現在の生きものたちは全部38億年の歴史を持って生きているということです。もちろん、その中に私たちもいます。でも人間は、学校をつくったりジェット機を飛ばしたり、ほかの生きものができないことができます。そのために、つい自分はほかの生きものの上にいると思いがちですが、そうではありません。何でもできる、自分たちだけが進歩していると思いがちですが、そうではありません。生きものの中にいるということを考えて生きていかなければなりません。ですから、ほかの生きものから学んだうえで、生き方を考えたほうが新しいことができると思います。

これまでの科学は自然を機械のように見てきました。生きもののように見てこなかったのです。17世紀以来、ヨーロッパで始まった研究は「自然は機械と同じ。だから、自然は征服して管理できる」と考えて科学を進めてきました。その中で人間も機械として考えるようになり、医療も壊れた機械をなおすような見方になってきました。それは行き詰まっていると思います。「科学を進めてはいけない」「新しいものをつくってはいけない」というのではありません。ただ、私たちもほかの生きものの中にいながら、ほかの生きものができないことをやるという基本は忘れないこと。それが人間の知恵です。自然の外にいると思い、勝手なことをやるとほかの生きものたちに迷惑がかかりますし、私たちも生きていくのは難しくなるでしょう。賢い選択が必要です。例えば、地球全体の環境を考えると、戦争をしている暇はないと思います。私たちは今、地球全体について知っているわけですし、人間はもちろんすべての生きものが祖先は1つということも知っているのですから、これまでの歴史はともかく、これからは戦争はしないという選択しかありません。38億年の歴史を知り、その知識と知恵を生かし、生きものとして生きる道を探していきましょう、というのが生命誌です。

新生命誌絵巻――生き抜く厳しさも知る

生命誌絵巻という絵を描いてから10年、研究を進めていく中で「新生命誌絵巻」を描こうと思いました。イチジクコバチの研究に興味を持ってくださったイラストレーターの和田誠さんが描いてくださいました（研究についての和田さんとの対談『生き物が見る私たち』（青土社）参照）。生命誌絵巻と随分違って見えますね。でも、描いてあることは同じです。38億年前に祖先の細胞があって、そこからいろいろな生きものたちが生まれ、多様な生きものがいるのです。基本は同じですが、現在のところの描き方は、大きさが種の数を表しています。まず昆虫、そして次が植物です。これまでの研究の話からもわかってくださると思いますが、現在の地球はまず植物がつくり、その植物が生きるのを助けるのが昆虫だということを考えられる絵になっています。多様性を具体的に考えることは大事です。

また、生命誌絵巻には描いていない地球が描いてあります。46億年前に誕生した地球は大きく変わってきました。アジア大陸の一部が離れて日本列島ができたことをオサムシ研究のところで語りましたけれど、そういう変化は常に起きています。生きものの変化と同時に地

新生命誌絵巻

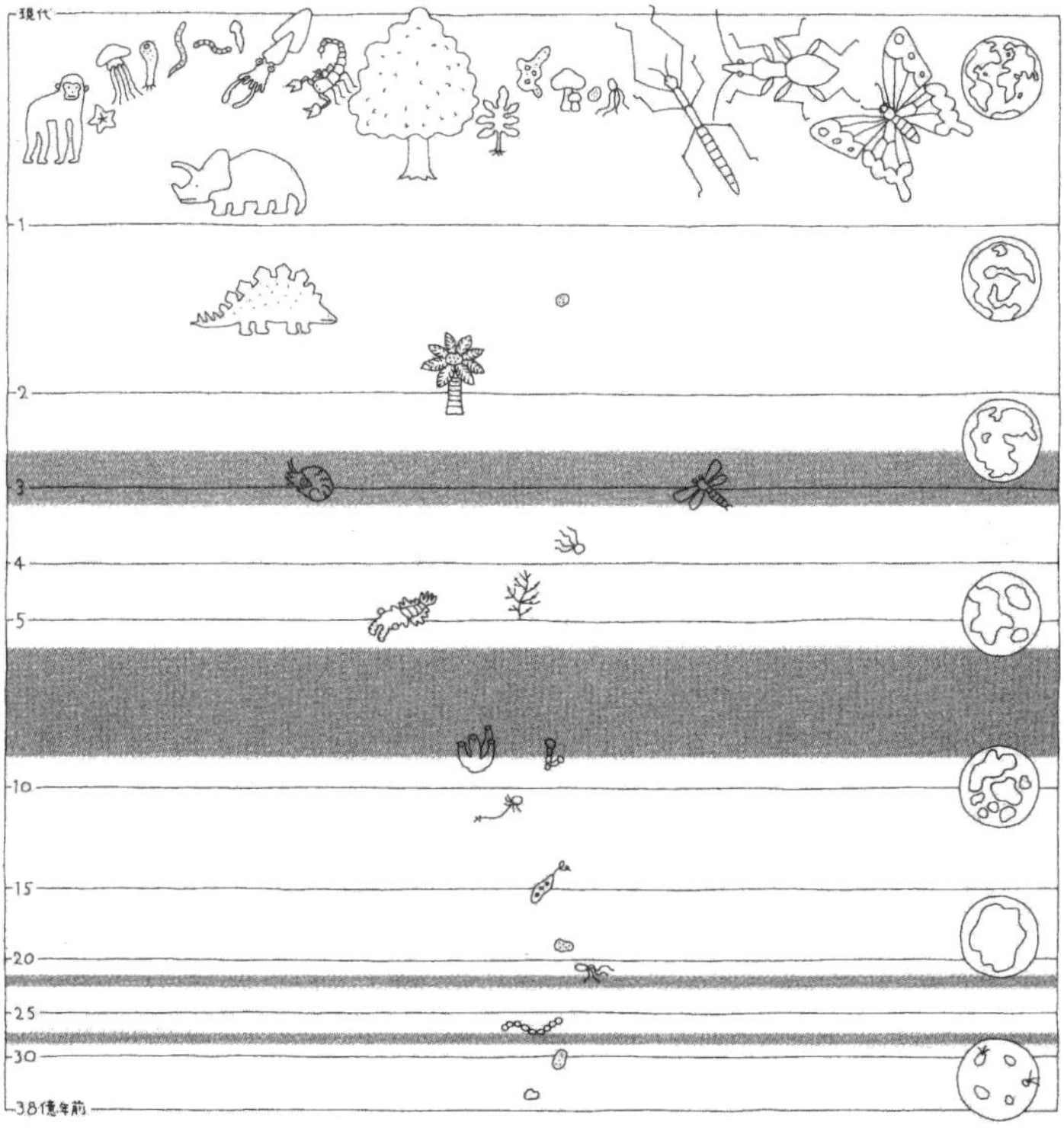

大陸移動・気候変動（とくに氷河期）などダイナミックに動いてきた地球の中での生きものの歴史を描いた図。現存生物の大きさは種数比を表している。生きものと環境がお互いに影響し合いながら豊かな生態系を生み出した物語を紡いでください。
イラストレーション：和田　誠

球の動きも見ていかなければなりません。今も地震や噴火があります。現在の地球は46億年の歴史の中では落ち着いていると言えます。絵巻でもわかるように大陸ができたり、また動いたりと大きな動きがあり、気候変動もあり生きものも変化してきたのです。地球と生きものは38億年間ダイナミックに動いてきたのです。

新生命誌絵巻で一番目立つブルーの帯は氷河期です。29億年ほど前、22億年ほど前、少し長い7億年から4億年ほど前、3億年ほど前の4つが描かれています。地球が冷えてしまった時期です。ホッキョクグマや南極ペンギンなど氷の中で暮らす生きものもいますけれど、多様性はありません。氷河期は、北極と南極だけでなく地球全体の温度が下がり生きものが生きにくくなった時期です。この時期には種が絶える、つまり「絶滅」も起きました。絶滅と言っても、すべての生きものがいなくなったわけではありません。ある時期の気候に合い繁栄していた生きものが、気候が変わったために生きられなくなるのであり、多様性が失われます。そんな中でも生き残ったものが続いてきたので、今の私たちがいるわけで、よくぞ生きのびてくれたと感謝します。興味深いのは、氷河期がきて絶滅が起きた後、気候条件がよくなるといつもより急速な多様化が見られることです。

多様化した生きものが満ちている地球はすばらしいのですが、じつは地球は厳しいところでもあることは事実であり、それを忘れてはいけません。22億年ほど前と7億年ほど前のときは、「スノーボール・アース」、日本語では「全面凍結地球」と言われる厳しい状況でした。

このころの地層を調べると、赤道のあたりまで氷河があったことがわかっているので、全面凍結と呼ぶのですが、本当に全部凍ってしまったのではなく、シャーベットのように少し溶けていたところがあったということがわかってきました。そんな中で、生きのびた生きものたちがいたわけです。38億年の生きものの歴史の中での、大変な時期です。地球の歴史は本当にダイナミックで、興味深いので勉強してください。生命誌は生きものだけを見ていてはわかりません。地球の動きとの関わりが大事なのです。生命誌絵巻は、生きものたちが多様化してすばらしい地球をつくってきた経緯に注目しました。新生命誌絵巻では、地球にも目を向けて厳しい中で生きる歴史もあったということを考えています。

生きものあっての地球です。しかし、ここで生きていくことが生易しいものではないことも確かです。たびたび起こる絶滅を経ても、決して絶えることなく38億年も続いてきた生きものたちの強さ、したたかさは並大抵ではありませんね。環境と対応しながら進化し続けてきた生きものの仕組みを知ることが、生命誌を読み解くことであり、そこから多くを学んでいきたいと思います。

暮らしやすい社会にするために

生きものである私たちが、暮らしやすい社会にするためにはどうしたらいいのでしょうか。

まず、人が生きていくためには食べ物（農業・水産業）が大事です。それから健康（医療）。病気になったら思い切り生きられません。生き生きとみんなが健康に生きていきたいものです。暮らしを支える住まい（林業）も大事です。ここで林業としたのは、日本の風土では木造の家が暮らしやすいと思うからです。また、緑の地球をつくる植物を大切にする方法として、最もよいのは木を利用することです。今日本の山林は荒れています。木材を利用することで美しい山林をつくっていきたいものです。一生懸命生きてきたのに、お年寄りになって働くところもなくなり、年金も足りなくて家を失ったという話がニュースになっていますが、一生を大事にできなければ本当に生きたということになりません。心と知（教育）も大事。学校で勉強するだけでなく、社会の中で皆が考え、話し合い、住みやすい生活を求めていく知が存在する場が必要です。それから環境です。特に水。最初にお話ししましたけれど、水があったからこそ生きものが生まれてきたので、水は生きていく基本です。水や空気は自然に与えられているように思いがちですが、今それが汚れたり、不足したりしています。大事な問題です。

産業でいうと農林水産業、それから医療。もちろん、スマホも自動車もあり、ジェット機で海外旅行に行くのもよい。でも、今の社会はそれらはどんどん改良され、評価されていますが、農林水産業を大事な産業として評価する気持ちに欠けていると思います。安全でおいしい食べ物は生活の基本です。日本の農業技術はとてもすぐれています。果物など、世界の人たちがびっくりするくらいおいしい。日本人は本当に器用に上手につくりますから。イチゴやリンゴなど美しくておいしいので人気です。マンゴーは熱帯のものですが、今熊本県でつくっています。スリランカの方に、「僕はマンゴーについては世界一の評論家です。小さいときからおいしいマンゴーを食べてきた僕が、今、世界一おいしいと思うのは熊本のマンゴーです」と言われ驚きました。そのような技術を生かして、世界中の人がおいしいものを食べられる社会づくりを目指したらどうでしょうか。輸出して豊かになることもできるはずですし、こうやって地球上の人々の幸せと経済を両立させる方法をつくりあげたらすばらしいですね。新しい社会づくりです。

私は若い人たちに、農業の大切さ、すばらしさをわかってほしいのです。農業を職業にしなくてもいいのです。でも、農業の大切さを忘れて工業やサービス業だけを進めればよいと思ってしまうのは悲しいのです。

あらゆる生きものを大事にして生活する

10年ほど前のある会議で、これからの小学校教育には英語とコンピューターが欠かせないという話になりました。私もこれからの社会では英語もコンピューターも大事だと思います。でも小学生の教育としてそれが最優先とは思っていません。コンピューターを小学生に教えて、何ができるようになるのですかと伺ったところ、例えば株価の動きなどがわかるとおっしゃったのです。それで私は、小学生だったら株の動きがわかる前に畑のカブのことがわかったほうがいいかなと、その会議でつぶやいた（笑）。叱られるかと思いましたが、やはりどこかで皆さんも、そういうことは大事だと思っていらっしゃるらしくて、新聞に書くよう求められました。

その記事を読んだ福島県喜多方市の市長さんが、実際にやってみましょうとおっしゃって、喜多方市の小学校に農業科をつくってくださいました。皆さんの学校にも時間割がありますね。英語、化学、数学とか、その中に農業という授業があるのです。私たちも夏休みに農園に行きました。皆さん、今も行っていますか。私は農園行きがとても楽しみでした。でも、嫌いな方も少なくなかったですね。農業科はときどき行くのではなく、時間割の中に農業が入っているのです。年に13時間です。近くの農家のおじいさんやおばあさんが子どもたちに一生懸命教えてくださっています。その過程を1つ1つ伝えると長くなるので、1年かけて一生懸命いろいろなものをつくり、最後に書いた作文を紹介します。3年生です。

「僕は枝豆をつくりました。シャワーのような水やりがとても楽しかったです。枝豆に大きくなれよと話しかけました。農業はさい高です」

こう言っているのです。じつはこの子はちょっと生意気に、なんで農業なんかやらなければいけないんだと言っていたのが、実際にやったらちょっと変わりました。私が気に入っているのは「枝豆に大きくなれよと話しかけました」というところです。枝豆って、みんなにとっては食べ物でしょう。お父さんがビールのおつまみにしたり、大好きですよね。スーパーマーケットにあるときは商品ですね。私たちにとっては商品であり食べ物です。でも、この子にとってはこの枝豆は生きものでしょう。大きくなれよと、赤ちゃんに言うように言っています。自分で育てると「生きもの」になるのです。

4年生は、

「学校で採れた野菜を家に持ち帰ったとき、家族がすごいねと笑顔を返してくれました。一生けん命育てれば育てるほど、おいしい野菜になり、みんなの笑顔が増えるなんて、野菜づくりにはすごいパワーがあると思いました」

野菜を持って帰ったら、お母さんが「よくできたわね」と言って、おいしい料理にしてくださいました。それを「おいしいね」と言ってみんなで食べます。つくるときの苦労話も出るでしょう。野菜がみんなをつないだのです。家族みんなの笑顔が増えたのです。すばらしい。

喜多方は福島県ですから、5年生はこのようなことを書きました。

「原発事故のせいでせっかく農家の人が苦労してお野菜やお米をつくったのに出荷停止になったというニュースを何回も見ました。喜多方のお米は安全で、すごくおいしいです。福島県へ来る人が増えるといいなと、この米づくりで思いました」

みんなが原発事故のことをよく考えなければなりません。新聞で読んだりニュースで知るのももちろん大事ですが、自分でお米をつくってみたら、こんなにいいお米ができたのに、放射能という問題が起きたために、食べてもらえない人が近くにいることになんとも言えない不条理さを感じたのだと思います。体験をもとに自分で考えているのです。喜多方は放射能の問題はありません。でも同じ福島県でだめと言われていることが、とても悲しかったのです。社会の問題を自分のこととしてよく考えています。何か教えられて考えたのではなくて、自分でつくっているうちに自らそういうことが考えられたのですね。自然と問いが生まれたのです。

次は6年生の作文です。

「私たちが育てたあずきを使って赤飯をつくり、一人暮らしのおじいさんやおばあさんに配りました。泣いて喜んでくれた人もいて、そのことが心に残りました」

今、日本は高齢社会です。お年寄りが増えています。歳をとると、なかなか若い人たちのように元気にはなれず、できないことも多くなってきます。家族が亡くなって1人暮らしになってしまう人も少なくありません。おいしいご飯づくりもなかなかできないときに、子どもたちが自分でつくった小豆でお赤飯をつくり、どうぞと持って来てくれたら本当にうれしいでしょう。子どもたちの方もどこかから買ってきたものを届けたのではなく、1年間、自分が一生懸命育てた小豆でお赤飯をつくって、お年寄りに届けられたというのがどれだけうれしかったか。農業は1年かかるのです。すぐにはできません。けれど、それを大事に続け、収穫ができ、人を喜ばせることができるのはとてもすばらしいことです。

すべて喜多方の大人と子ども、皆が実感したことですけれど、じつは私の提案でこういうことができて、よかったという気持ちもありました。ところが校長先生が冊子をくださいました。「僕たちは20年、こういうことをやってきたのです」と。農家の人たちが子どもたちにどこから来るかわからないものを食べさせるのではなく、自分たちで育てたものを食べさせたいと思い、毎朝給食のためにお野菜を届けてくださっているのです。20年も前から。これって大変なことなのです。

喜多方市が「給食に自分たちのところでつくったものを子どもたちに食べさせたい。お米も皆そうしたいと思います」と決めるのは、いいことだと思うでしょう。でも最初は、「政府が決めたお米を給食で使わないのなら、補助金は出しません」と言われました。

ここで喜多方市の方たちがすばらしいと思うのは、教育委員会と保護者と市が、3分の1ずつお金を出し合い、補助金なしで給食を進めたことです。20年も前に、生きものとして生きるとは、食べ物を大事にすることだということを、具体的に示したのです。皆がそれを普通にやっているのがすばらしいです。

私もときどき行って一緒に給食を食べたりしますが、この間はトウモロコシを採りました。採れたてのトウモロコシの皮をむいてそのまま食べると、本当に甘くておいしいのです。東京育ちの私には、生まれて初めての体験でした。喜多方は会津塗りという漆の器で有名です。漆は「japan」と言うぐらい日本の大事な工芸です。皆さんもお正月に、おせち料理やおとそを飲むときに使うでしょう。でも、大事にしないといけないからふだんあまり使いませんね。ところが喜多方では給食で会津塗りを使っているのです。「せっかく日本の文化のあるところなのに、合成の器で食べていたら、おいしく食べられない」と言って、子どもたちが扱ってもいいような漆器をつくったのです。私もこれを買ってうちで使っています。とても使いやすくすてきです。子どもたちが扱ってもよく、丈夫なうえに漆の美しさはあるのでとても気に入っています。このように毎日の生活を大事にして生きていくことが大事です。喜多方の人たちの生き方はとてもすてきですね。何よりも生活者でありたいと思います。毎日、お日様が昇るように1日1日をちゃんと生きるのです。当たり前だからこそ難しいし忘れがちだけれど、こういうことが大切な生き方だと思います。

人間にしかできないことって何?

生命誌は、ほかの生きものたちをていねいに調べ、そこから自分の生き方を考えていこうとしています。ここで1つ、問いが出ますよね。それぞれいろいろな生きものがいて、みんな違う。その中での人間って何だろうとなりますね。それも調べたいですね。人間の特徴を調べる学問はありますけれど、生命誌の中での人間の特徴を知りたい。ほかの生きものたちと比べて、人間にしかできないことは何かを考えたいと思います。そこで最も魅力を感じたのが、松沢哲郎先生のチンパンジー研究です。チンパンジーは人間に一番近く、人間ができることがかなりできます。10個の数字がバラバラに並んでいるとき、そのすべてを一瞬にして記憶してしまうことなどは、人間以上の能力です。このような、チンパンジーにもできず、人間だけにできることは何か。それを調べた松沢さんの結論は「想像力」です。想像すること、イマジネーション。今、ここにないことを思い浮かべることです。それはほかの生きものにはできません。例えば、今、アフリカで子どもたちがどうしているだろうと、私たちは考えられますね。どうしているかしらと思い、インターネットで調べればアフリカの様子を知ることができます。まず頭の中で想像することです。

生命誌は38億年の歴史を考えますが、それは人間だからできるのです。虫たちも38億年生きてきたのだけれど、僕たち、38億年とは思っていません。犬も猿も、賢いけれどこの能力は持っていないのです。実は、食べ物探しなどは彼らのほうが上手です。でも、ここにないものを考え、ファンタジーをつくる。私たちはそういうことができますね。宇宙を考えられるのも私たち人間だけです。遠い宇宙のことやはるか昔のことを考え、未来を思う。ここにいない人のことを心配する。それができるのは私たち人間だけです。

農業は、種を植えるとき先にどんなものができるかを考えますね。そういう意味では、想像する力がとても大事で、これもとても人間らしいことです。朝顔の種を植えて、どんなお花が咲くか想像しながら待つことができます。農業にはそういう魅力もあるのです。

それから分かち合う心。これも人間に特有なこととされていることです。あとは、世代を超えた助け合いです。野生の動物は、子どもが生まれ育ったら前の世代は死んでしまいます。おじいさんがいたり、ひいおばあさんがいたりはしません。野生の動物はそうですね。私たちは今ではおじいさん、おばあさんがいるのは当たり前、ひいおじいさん、ひいおばあさんなど、皆で一緒に助け合って暮らしています。こういうことができるのは人間だけです。これはやっぱり言葉があるからですね。これまで、虫は虫けらなどと言ってはいられないほどすばらしいことをやっているなど、ほかの生きもののすばらしさを語ってきました。でも、人間にしかできない、人間らしいこともたくさんあるので、それは皆で大事にしていきたいと思います。

言葉を持つということ

人間らしさとして、想像力の大切さを語りました。それを支えているのが人間に特有の言葉です。言葉を話すのは大脳のはたらきです。言葉について興味深い体験をしました。それは医療についても考えさせられる体験でしたのでお話しします。

ジル・テイラーさんという、ハーバード大学で脳の研究をしていた女性のことです。30代の終わりに脳卒中を起こし、脳の左側に大量出血してしまいました。左脳には、ブローカ野、ウェルニッケ野など言葉にとって大事な役割をする場所があります。体性感覚野というところもあります。ふだん、私たちの体がここにあるという感覚、当たり前と思っていますね。でも、皮膚で私は私、外と違うと区切られていると脳の中で教えてくれているのですって。ジルさんはこの部分が出血して壊れてしまったから、シャワーを浴びたときに外を流れている水と自分との区別がつかなくて、混じり合ったみたいになったと言っていました。とても大変なことになったわけです。

ハーバード大学の病院に入り、手術もしてもらったのですが、これほど壊れた脳の復帰は難しい、言葉を取り戻すのは不可能でしょうと医師に言われてしまいました。本当に落ち込んだそうです。

手術、薬、リハビリなど、現代医学では治らないと言われてしまったジルさんのところへ、少し離れて暮らしていたジルさんのお母様がやっていらっしゃいました。何もできずにベッドの上に寝ているジルさんを見て、お母さんはこの子が赤ちゃんだったときと同じ状態だと思ったのだそうです。それで、赤ちゃんを育てたようにこの子を育てようと思ったのですって。その結果、ジルさんは元気になりました。細かい医学でここを治しましょう、あそこを治しましょうというのではなく、赤ちゃんとして、人間として育てましょうと考えたところがすばらしいですね。恐らく治ったのではないのです。脳が新しく育っていったのだと思います。つまり、脳は決まりきった機械ではないということです。機械なら壊れたところを元に戻すしかありません。脳は新しく育つことができるのです。

私がジルさんにお目にかかったのは、発症後8年だったのですが、この話を聞かなければ、そういう体験をした人だとは思わなかったと思います。ただ「まだ、私、できないことがあるのよ」と、言われた。「微積分ができないのよ」って（笑）。皆さんはできますね。習っている最中でしょう。私、今はちょっと微積分は怪しいです。お母様が高等学校の数学の先生だったのです。微積分は無理と笑って言えるくらい、普通の生活はできるようになったのです。

もちろん、医療も薬も大事です。手術や薬を否定などしません。けれど、生きものとして見ることも大切という事実です。とても興味深い例だと思います。

昭和天皇がつくられた標本

人間は生きものという感覚を持ちたいと思っている中で偶然すばらしいものに出合いました。立川にある昭和天皇記念館で話すようにと依頼されて伺いました。ここは、昭和天皇の在位50年を記念して、子どもたちが遊べる場所としてつくられた、昭和記念公園の中にあります。この公園は、自然の野原のある気持ちのよい場です。昭和天皇は、生物学をとても大事にされていた方で、研究室をそのまま移した展示があります。そこに飾ってあった標本を見て、私は本当にびっくりしました。あまり感心したものですから、「ここへは今までに大勢の人が来ているけれど、あなたのようにこの標本に関心を持ち感心した人はいません」と言われてしまいました。

セミの標本には、「小学校、大正2年8月下旬、採集者　裕仁」と書いてあり、昭和天皇が小学校6年生のときに塩原で採集してつくられた標本とわかります。夏休みに小学生は標本をよくつくります。でも、たいていは珍しいセミを採ったとかたくさん採ったことを見せるように並べるのが普通ですね。トンボでもチョウでも、だれも採ったことのないのを採ったことが見せたくて並べますね。でも、昭和天皇の標本は違いました。木が並び、そこにセミがいるのです。チョウもオトコエシという草があり、その周りをチョウが飛んでいましたということを標本で表しているのです。

いわゆる自然。まさに植物と昆虫は、この地球をつくっている基本だと話してきました。この標本はそれを示しています。こんな立派なものを採りましたと言うのではなく、こんなふうにして生きていましたという標本です。こういう標本を私は初めて見ました。昭和天皇は生物学者でいらっしゃいます。幼少のときから生きものがお好きだったのでしょう。でも小学生でこういう考え方をなさっていたとは、すばらしいとしか申し上げようがありません。たまたま天皇陛下でいらしたわけですが、それとは関係なく、子どものころからこういう自然の見方がおできになる。これは日本人らしさかもしれません。

私があまりに感心したので、ほかの標本も見せてくださいました。少し湿ったところに生える植物にはこんな虫もいますという標本もありました。こういう標本をつくる感覚や感性はすばらしいです。ですから、「あなたしか関心を持ちませんでした」と言われたのは少し残念なことでした。

人生の先輩に学ぶ―宮沢賢治

日常感覚で自然や科学を見る人に関心を持っていると、宮沢賢治と南方熊楠《みなかたくまぐす》はいろいろなことを考えさせる人です。日本の豊かな自然の中で日常を考え、学問も育てましょうと言っていたのが、この2人です。2人とも科学の勉強は大好きでした。とくに宮沢賢治は科学大好き人間です。科学が大事だと言って、それで失敗するお話もたくさん書いています。西洋の学問をとことん勉強しています。南方熊楠はイギリスの自然史博物館で勉強をして、論文を書いています。もっとも、当時の日本人の中には仏教的な考え方がありました。両親の持つ仏教的な考え方で日常育てられているのです。つまり、西洋、東洋、日本のどれもが体の中に入っており、その中の自分が大事だと思うことを具体化していくのです。自然の中で、生きることをよく考えた2人に学ぶことは多いと思います。

東洋がすばらしい、西洋がすごい、日本がよいと比べたり争ったりするのではなく、大事なことはすべて自分の中に取り入れていくという生き方です。一番大事なことは何かと考え、結局生きているということをきちんと考えることだという発見をした人です。私も科学を勉強し、自然をよく考えることが大事と気づきました。そしてこれらの先輩から、自分1人では考えつかない、思いつかないことを学びたいと思います。普通の女の子が、特別なことを突然思いつくわけにはいきません。先人に学んでいくことが大事です。

セロ弾きのゴーシュー乾いた社会と湿った社会

東日本大震災の後に東北地方のことをもっと知りたいという気持ちから、宮沢賢治を少していねいに読みましたので今日はそのことを話します。

宮沢賢治は自然の中で生き、自然の語りを聞きとる名人でした。宮沢賢治の作品を読むと、生命誌で考えたいことのすべてがそこにあると、言えるほどであることに今回気づきました。宮沢賢治はすばらしい文学者と言われていますが、好きな人かと言われると、じつはそうは思っていませんでした。よく見る宮沢賢治の写真は、黒いマントを着て、暗そうな感じの人だし、そんなに好きにはなれなかったのです。でも、２０１１年に発生した東日本大震災の後で、なぜか宮沢賢治を読まなければいけないという気持ちになりました。

宮沢賢治は今でこそ立派な文学者として大事にされていますが、じつは生きている間に本にできたのは『注文の多い料理店』だけで、それも自費出版です。『銀河鉄道の夜』など全部亡くなってから出版されたのです。なかなか厳しい人生だったのですね。生きている間はそんなに高く評価はされていなかった。評価は難しいですね。

脇道にちょっとそれますが、じつは『源氏物語』を読まなければいけないことになり、読んだ記憶があります。60年前の高校時代、森本元子先生が源氏の君がまるでここにいるかのように気持ちを込めて話してくださったので、それだけでわかったみたいに思い、きちんと読んだことはありませんでした。２００８年、源氏物語が書かれてから１０００年ということで京都で源氏を考えるシンポジウムがあり、参加を求められました。恋物語はあまり関係ないのでとお断りをしましたら、主催者が源氏物語には日本人の自然観がよく表れているの

乾いた社会 活動写真館	湿った社会 水車小屋 （水を飲む）	水車小屋 （水を飲む）	水車小屋 （水を飲む）	水車小屋 （水を飲む）	活動写真館
人間 ・リズム ・音程 ・表情	ロマチックシューマン トロメライ ネコ 表情 ウサギのおばあさん	くり返し のどから血が 出るまで カッコウ 音程 タヌキのお父さん	二番線の遅れ タヌキ リズム ミミズク	中へ入って ノネズミ 全体 ネズミの子ども	人間
第六交響曲 （田園・描写ではなく感情の表出）	印度の虎狩り				

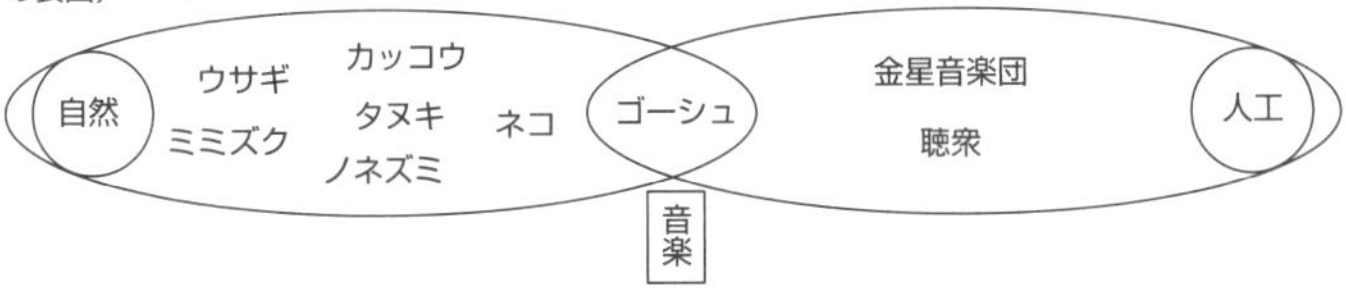

「生命誌版　セロ弾きのゴーシュ」

で、生命誌ととても関わり合いがあると言われたのです。そこで、全部読みました。すると、源氏が女三宮を訪ねる場面では、十五夜の下、萩が咲き、源氏が送った鈴虫が鳴いている光景が描かれていることに気づきました。まさに自然が主人公です。

普通の女の子の普通たるゆえんで、他の人から教えられてなるほどと思うことが次々と出てきて、それが生命誌につながるおもしろさを味わっています。宮沢賢治もつまみ食いはしていたけれど、きちんと全部読んだことはありませんでした。東日本大震災の後に読み、多くの作品で生命誌とのつながりを感じましたし、地震などの災害のこと、生と死のことなど、本当にいろいろなことを考えました。今日はそれまで何でもない話と思って読んでいた『セロ弾きのゴーシュ』での気づきについてお話をします。

自然、生命、人間、科学、科学技術と東北とを重ねながら、『セロ弾きのゴーシュ』を読んでいるうちにおもしろいことに気がついたのです。『セロ弾きのゴーシュ』は金星音楽団、まちの映画館の楽団での話です。私の子どものころもうトーキー（映像と音声が同期した映画）でしたが、昔の映画は無声、音楽も楽団が演奏をしていたのです。ゴーシュはその中でチェロを弾いていたのですが、とてもへたで、始終怒られていました。だめと言われて、しょぼんとして家へ帰ります。ゴーシュは森の中の水車小屋で1人暮らし。貧乏です。家に帰って練習をし一晩寝たら、また活動写真館へ行って働いて、しかられてまた帰るという繰り返しです。気がついたのは、ゴーシュは水車小屋へ帰ると、必ず水をゴクゴク飲むということです。

そんなこと、別にどうということはない、と言えばない。でも、私は東日本大震災の後で読んで、そこにこのような意味を見つけました。まちの活動写真館はとても乾いた、機械みたいな、お金儲けが重要という競争が激しい社会を象徴しています。ゴーシュはその社会で落ちこぼれて帰って来るのです。そこでゴクッと水を飲むと、乾いた社会と違う、湿った社会に入るのではないかと思ったのです。生命がいっぱい満ちていて豊かな社会です。水車小屋のある社会は、自然がいっぱいの社会。水を飲むのは乾いた社会からそこへ入っていく儀式だと思いました。夜になると、ネコ、カッコウ、子ダヌキ、ネズミの親子が来ます。ネコはちょっと傲慢で、生意気ですが、自然の厳しさを伝えます。カッコウがそんなドレミはないだろう、音程しっかりしろよと教えてくれる。けんか腰です。タヌキはリズムがなっていないと言いますが一緒に音楽を奏でます。ネズミの親子はやさしく音楽は病気を治す力を持っていると伝えます。ゴーシュはこうして湿った世界のいのちの音をもらったのではないでしょうか。自然の世界も決してやさしいばかりではありません。考えさせられることばかりです。でも、そこにはいのちの音があります。動物たちからそれをもらったゴーシュが6日目の晩に舞台で弾くと、みんなが「ブラボー、アンコール」と言ってほめてくれるというのが終わりのシーンですね。ゴーシュは少しも気が付いていないのですが、乾いた世界の人たちを、湿った世界でもらったいのちの音、生きているということを示す音で動かしたのです。皆がすばらしいと感じたのです。

生命誌では、いのちの世界をもっと大事にしましょうと考えています。今の科学は、人間も含めて自然を機械のように見るので、「生きている」を見つめることを忘れがちです。技術やモノ、お金の豊かさも必要ですが、その前に生きものである人間が安心して幸せに暮らすことが本当の豊かさなのではないかと思います。ゴーシュの世界も、オーケストラやまちをつくって発展していくのだけれど、基本は生命の世界です。これを大事にしないでいると、乾いた存在になってしまいます。そういう社会は、生きるのにつらいと思います。宮沢賢治はゴーシュでそれを言っていたのだと気づかされました。ゴーシュは最後に、いのちの音で乾いた世界の人たちの心を動かし、乾いた世界の人たちも、それはすばらしいと言ってくれたのです。

私もそれを求めています。そこで『セロ弾きのゴーシュ』の舞台をつくりました。人形劇の世界で活躍する沢則行さんに、人形づくりと演出をお願いし、すてきな舞台ができました。人形は京都造形芸大の学生さんたちがつくってくれました。ゴーシュは、京都大学の生命科学科の修士課程を終わった後チェリストになった谷口賢記さんです。京都大学のオーケストラ部で活動していたのですが、修士課程が終わるころ、音楽家として生きようとチェリストになりました。生命誌版のゴーシュにはぴったりです。私が舞台の袖で朗読をしました。

チェリストがゴーシュになり実際にチェロを弾く舞台は、どこにもないと思います。沢さんがチェコで活躍していることもあって、２０１５年9月に、チェコのピルゼンで開かれる人形劇のフェスティバルに招待されました。チェコは人形劇では、世界で一番のところです。私の思いがヨーロッパの人たちに通じていればいいなと思います。とにかく、『セロ弾きのゴーシュ』を皆さんも読んでみてください。きっとそういう読み方ができると思いますし、宮沢賢治のほかの作品もそんなことをたくさん語っています。

やっぱり自分が一番大事

じつは、生まれて初めて絵本をつくりました。これもまた、普通の気持ちを普通の子どもたちと共有をしたい気持ちで行ったことです。でも、絵本づくりはとても難しいのです。長い間の絵本をつくりたいという思いが叶い、やっと完成しました。「いのちのひろがり」という言葉をテーマにしました。生命誌では、いのちのつながりの歴史をお話ししてきました。ほかの生きものまでつながっているということです。これをあなたたちのこととして考えるとどうなるでしょうか。やっぱり一番大事なのは自分ですね。虫もみんな生命を持っているのですから、大事にしないといけませんと言っても、やっぱり一番大事なのは自分ですね。自分より大事な生命はありませんね。とても好きな人がいたら、そのほうが大事だと思うかもしれませんけれど、やっぱり一番の基本は自分の生命ですね。

つながりと言うと、生きものはみんな大事ねとなるので、自分が大事と思ったときにどう考えたらいいかと考えました。そこで、自分からみんなへと広がっていくと考えることができるのではないかと、気が付きました。もちろん、まずは私が大事なのだけれど、大事だと思ってそこで終わりにしてはだめですね。自分で閉じていてはだめ。自分から周りへと広がっていくイメージで考えると、お父さんも、お母さんもいて、兄弟もいて、お友達もいてと広がっていきます。さらにその広がりが虫までつながってほしいのです。ほしいと言うよりは、事実、つながっているのですから。あなたたちから広げていかないといけないのです。自分だけで止めて、自分のことだけ考える。それはないでしょう。生きものはみんなつながっているのですから。家族は大事となったら、小さな虫にまでその気持ちを広げて考えてほしいのです。家族が大事、お友達が大事、そこからほかのちょっと困っている人たちのことも考えなければいけませんよね。今、よその国では、子どもがいるところに爆弾が落ちたりしているのです。その子たちのことも考えなければいけませんよね。今、人間がアフリカの森の木を切っているので、そこにいるチンパンジーが減ってきています。こうしている間にも、森の中で絶滅している生きものがいるというふうに、気持ちを広げてほしいのです。

つながりと言うと、頭で考えて、生きものはつながっているとなりがちですが、「いのちのひろがり」という言葉は、自分から広がりを考えるということを教えてくれました。このことは、絵本をつくるまであまり考えていませんでした。絵本をつくろうと思って、子どものことを考えたのです。小さい子どもに「つながっているでしょう」と言ってもだめかなと思いました。君がここにいるでしょう、そういうところから考えてねという感じです。

ここで、まど・みちおさんの詩を紹介します。まどさんの詩は大好きなのですが、まどさんも生命誌のこと、大好きでいてくださいました。まど・みちおさんの『ぼくがここに』という詩です。

ぼくが　ここに　いるとき
ほかの　どんなものも
ぼくに　かさなって
ここに　いることは　できない

もしも　ゾウが　ここに　いるならば
そのゾウだけ

マメが　いるならば
その一つぶの　マメだけ
しか　ここに　いることは　できない

ああ　このちきゅうの　うえでは
こんなに　だいじに
まもられているのだ
どんなものが　どんなところに
いるときにも

その「いること」こそが
なににも　まして
すばらしいこと　として

まさに、いること、そのことが大事なのですね。私が、僕がここにいる。みんなそうなのです。それは、私が大事だということですけれども、まどさんは、ゾウがここにいる、豆がここにある、それぞれみんな大事で、そこから広がっていくと言っているのです。僕だけじゃなくて、そういうすべてのものに目を向けて、そして、みんながいる、そのことに意味があるのだと、そう伝えていますね。とてもすてきなものの見方だと思います。だから、私たちはもちろん、私がここにいることが一番大事なのだけど、自然の大きさを大事に、その中にいる私たちも、ほかの生きものたちとつながっているのだ、ここから広がっていくと考えられるといいなと思っています。

ヒトとしての私、人間としての私

私たちは、脳や言葉を持ち、社会を作り人間として生きています。多様な生きものの1つとしてのヒトと、人生・歴史・社会を持った多様な人間の中の「私」が、重なった存在なのです。「私でありヒトである」という考えを基本にいろいろなことを学ぶ。それを実現する社会をつくっていくのが「生命誌」です。「私は社会の中の1人であると同時に自然の一部である」と認識して、生活することです。

今、皆さんが暮らしているところは、自動車が走りビルが並んでいるところですね。でも、郊外には田んぼがあり、川には魚が泳いでいます。この絵の右側の世界です。暮らしの場です。お母さんと坊やがいますね。これをあなたと考えてください。2人は、洋服を着て鏡の前にいます。でも、鏡をよく見ると生きものとしての2人が映っています。ヒトです。その隣にはサルがいます。生きものとしてのヒトは38億年前に生まれた小さな祖先細胞から進化をしてここまで来たのですね。途中にヒトデや恐竜もいますし、チョウもいます。そしてサルの仲間から直立歩行するヒトが出てきます。ヒトには想像力があり、言葉が使えて、それらを使ってモノやまちをつくりました。

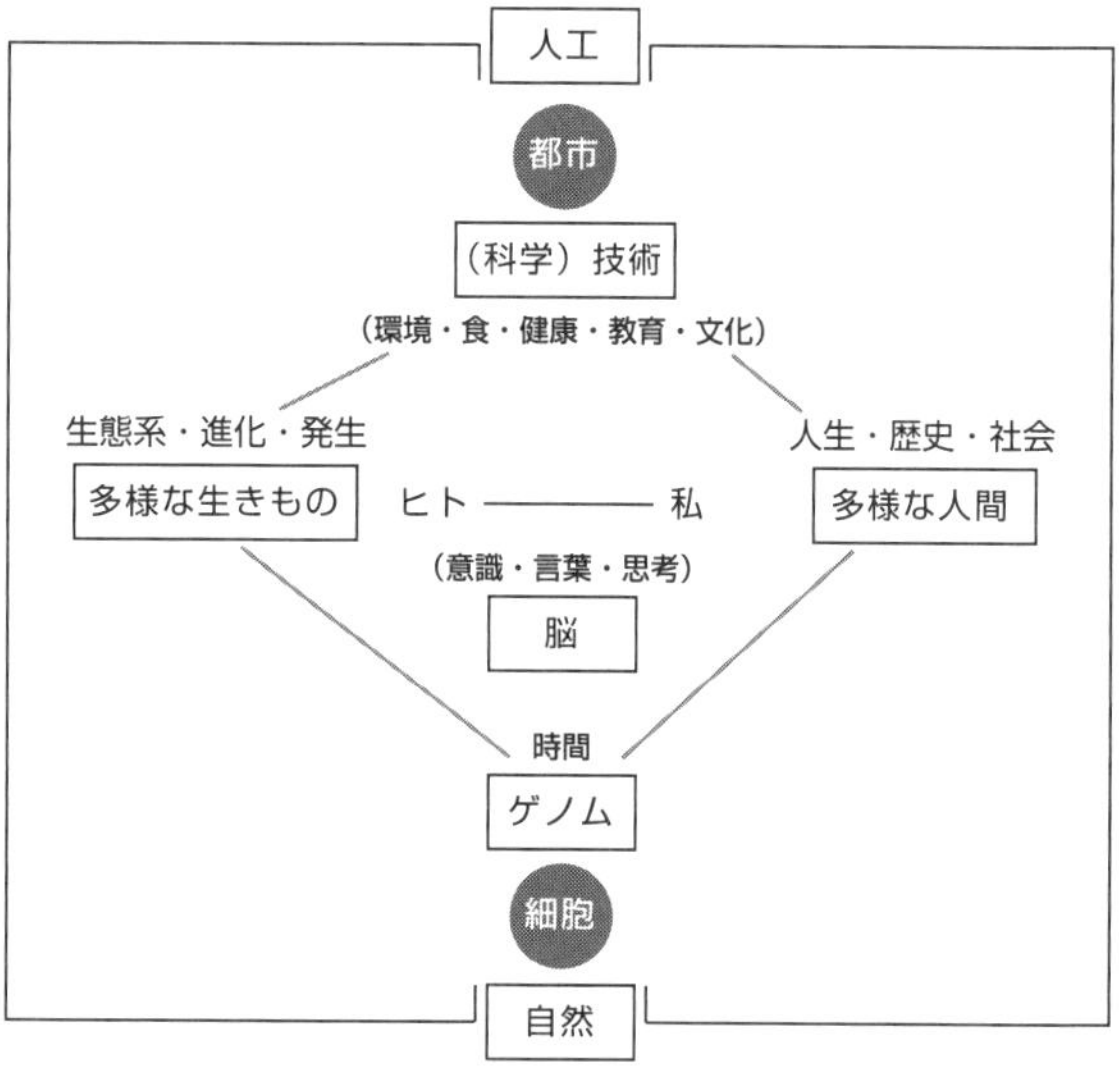

生命誌から生まれた「世界観」―ヒトとしての「私」、人間としての「私」―

イラストレーション：石津雅和

鏡に映したら、あなたたちの中には38億年の生きものの歴史があるのです。生きものの祖先から進化してきた歴史です。自然を守りましょうと主張する人の中には、自然環境の中だけで暮らしましょうとおっしゃる方があります。それは人間らしくありません。ここに描いた右側・左側の世界のどちらも私たちにとっては大事なのです。でも、左側に描いた38億年の物語が、私たちの体の中にあるのですから、この世界を自分の中で持ってくださいと言いたいのです。この2つを合わせた世界を考えていくのが「生命誌」です。

虫愛づる姫君

最後に私が一番大事にしている言葉をあげます。「愛づる」です。虫愛づる姫君と呼ばれるお姫様が、今から1000年前、京都にいらっしゃいました。虫が大好きで、男の子たちに虫を集めさせて、毛虫を手のひらに乗せ「あら、かわいい」と言うのです。お父様、お母様は「汚いからやめなさい。早くお嫁に行きなさい」と言う。でも、このお姫様はおっしゃる。これがもうちょっとしたらチョウになって、きれいにヒラヒラと飛ぶと、みんなで「かわいいわね、きれいね」と言うではありませんか。でも、チョウになったらすぐ死んでしまう。はかない存在です。本当にすばらしく生きているのは、私の手のひらの上にいるこの毛虫のほうでしょう。そう思って、よくこれを見てください。見かけが汚いとか、そんなことではなくて、生きているということがすばらしいでしょう。年齢は13歳と書いてあります。昔の13歳ですから、もうお嫁に行きなさいと言われるのですけれど。このお姫様、とてもすてきだと私は思います。ナチュラリストです。当時、女の子は眉を剃らなければいけない。それからお歯黒と言って、歯を黒くしなければいけなかった。13歳になると、もうそういうことをしなければいけないのです。でも、彼女は、歯は黒くしないので真っ白い歯で笑って、おかしな子どもだと言って怒られているのです。私たちから見れば黒い歯のほうが変よね（笑）。常識が変わるのですね。観察するのに長い髪の毛がじゃまなので、ひょいと耳にかけます。それもだめと怒られる。でも、自然ですてきな女の子ですよね。１０００年前の女の子です。１０００年前の世界中の物語を見ても、このように自然を見て考えている人はいません。しかも女の子です。ここがポイントですね。普通にやっているでしょう。眉を剃るなんてばかばかしいでしょう。観察するとき、髪がじゃまだったら耳にかけるでしょう。当たり前のことを当たり前に考えて、当たり前にしながら自然をよく見ている。これは、日本の普通の女の子のすばらしい例だと思うのです。もちろんこのお姫様はＤＮＡはご存じない、細胞のこともご存じない。でも、頭の中に生命誌絵巻のような生きものたちのイメージを持っていらして、生きものたちがみんな大事という世界が広がっていたと思います。１０００年も前にです。

１０００年前は『源氏物語』が書かれたころ、紫式部のころです。よく科学は西洋のものと言いますけれど、今の科学が始まったのは17世紀、３００年前です。ヨーロッパで科学が生まれ、明治時代に日本はそれを採り入れました。以来、日本は自分で科学を生むことができず、真似をしてきたと言われています。オリジナリティがないと言われてきました。でも、１０００年前に自然をきちんと見て「本質が大事」と言って、考えた物語はヨーロッパにはありません。ヨーロッパだけではない。どこにもありません。日本にいらしたこのお姫様、私はこれが生命誌の原点だと思っています。しかも、このお姫様は自然、生きものを愛づる。管理するとか、征服するとか言っていません。そこが日本の特徴であり、大事なところです。『源氏物語』もすばらしいですね。世界に先がけています。しかもちょっとお話ししたように、その中には自然と人間の関係がみごとに描かれています。どちらも女性です。その感覚が大事だと思います。普通の女の子だからできることです。

第三章

「知」に感動する

「生命科学」と「ライフサイエンス」は違う

さて、ここからは皆さんからの質問に答えていきたいと思います。疑問に思うこと、興味があること、感想などどんなことでもいいので自由に聞いてください。

質問　個人的な質問になっちゃうんですけど、生命倫理については生命科学をなさっている先生としてはどういうふうに考えていらっしゃいますか。今、デザイナーズベビーとか、いろいろと問題になっているので聞きたいです。

はい、わかりました。1970年に生命科学が生まれたことは話しましたね。じつは、同じ年にアメリカでライフサイエンスが始まりました。訳すと生命科学になりますから、同じ学問と思っている人も多いと思いますが、違うのです。アメリカは、60年代はアポロ計画といって、宇宙に目を向けていました。1969年に人間が月に行きました。みごとなプロジェクトで世界をリードしていました。

最近、米国のロケット打ち上げが失敗を続けていますね。ベンチャーでお金儲けのために宇宙にロケットを飛ばすというやり方では失敗するのでしょう。

生命科学とライフサイエンス

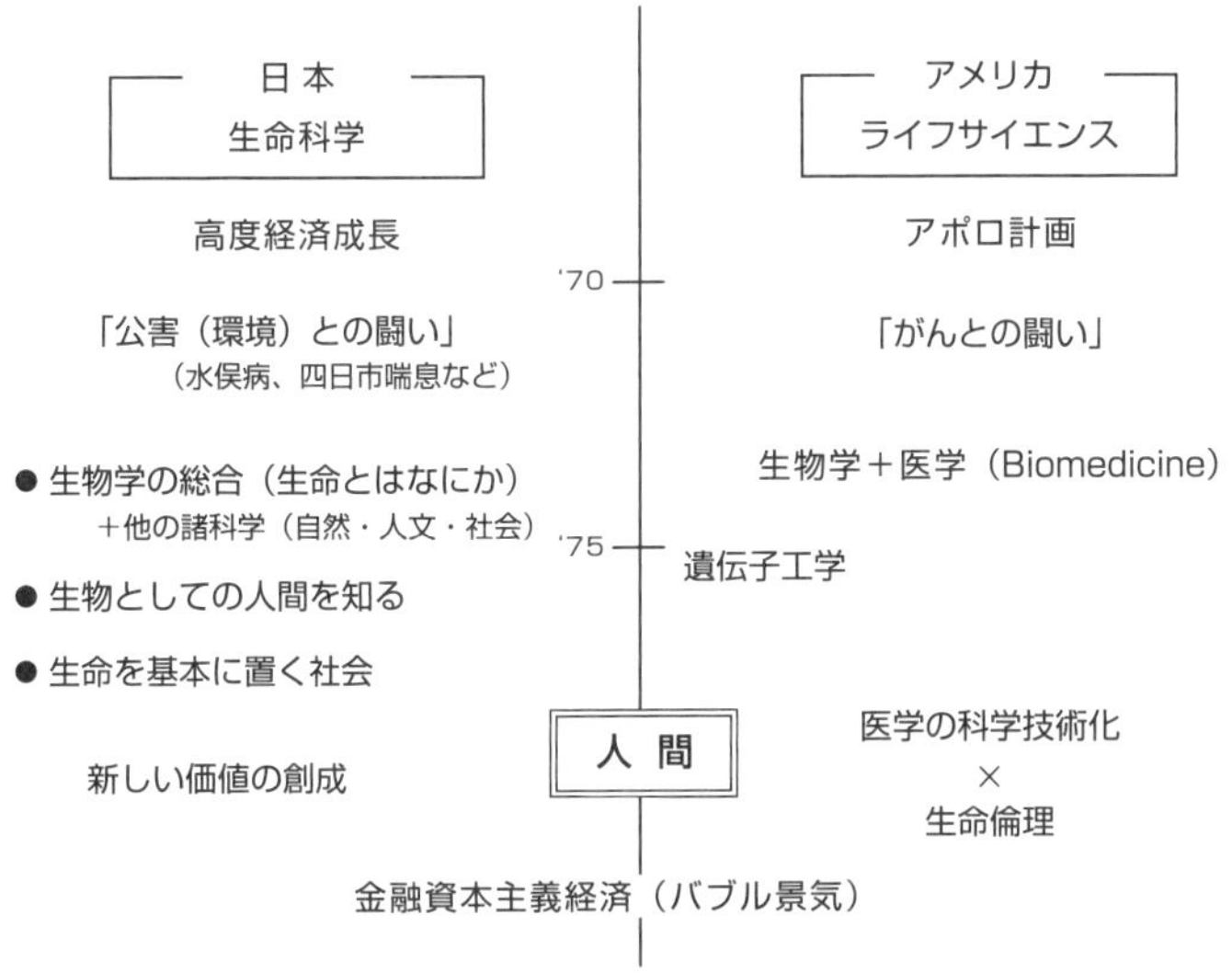

話を戻しますが、アポロ計画を推進したのはケネディ大統領です。残念ながら1963年に暗殺され、月着陸のときはニクソン大統領でした。その後、アポロ計画をそのまま受け継がず、新しい計画を出しました。がんとの闘いです。より身近なテーマに取り組んだのです。今もがんとの戦いは続いています。今ではだいぶ治るようになりましたけれど、当時は、がんは本当に怖い病気でした。アメリカはがんと闘うために、生物学と医学を合体しようと考えたのです。DNAや細胞研究をする生物学と医学が一緒になって新技術を開発し、がんをなくそうとしたのです。これをライフサイエンスと呼びました。前に紹介した日本の生命科学とは違うでしょう。

そこで医学が科学技術化していきました。人間を生きものとしてではなく機械として見ていく流れです。そのためには何をやってもいいのだろうかという話になりますね。そこで、ライフサイエンスの登場と同時に、bioethics、つまり生命倫理という学問をアメリカはつくったのです。

ところで、今の日本の大学や研究所で進めている生命科学はアメリカ型です。iPS細胞やがんの治療など。悪いと言っているのではありません。でも、江上先生の生命科学ではありません。ただ科学技術化していけば、本当に生命を大事にする社会になるのでしょうか。それは違うと私は思っています。

どこからが人間？

生命を基本にしよう、自然全体を考えようということなしに、医学を科学技術化していくとたくさんの問題が起きます。ですから、アメリカでは歯止めとして生命倫理をつくったのです。

ところが、生命倫理が生まれてから40年以上たち、この考え方では先が見えないとわかってきました。例えば人間の受精卵の研究をします。そこで「人間」はどこから始まるのかという問いが出てきます。じつは今は受精後2週間までは実験してよいことになっています。根拠は何もありません。ただ決めただけです。2週間までは実験していいことにしましょうと決めたのです。受精直後の受精卵は人間ではないのかと聞いたら、人間ではないとは言いきれませんね。でも、人間とすると研究できないから、2週間はよいことにしたのです。

生命倫理で人間の始まりはいつかと真剣に考える議論がありました。受精した瞬間から人間だと言う人もいます。心臓が動き始めたところが始まりと言う人もいます。人間にとって脳が一番大事なのだから、脳波が出始めたところが人間の始まりだと言う人もいます。脳死を死とするのとつながりますね。誕生のときから人間になり、その前は人間ではないと言う人もいます。いろいろな考え方が出てくるのです。このような大議論を何十年とやりました。

答えは出ていません。でも、これには正解はありませんね。だから、答えの出ない議論はやめましょうということになり、実験には2週間まではよいとしたのです。

それで、デザイナーベビーの話になります。デザイナーベビーができる技術はあると言ってよいでしょう。最近、望みのＤＮＡを思いどおりの場所に移す技術が開発されました。これは研究にとっては大事な技術です。実験には便利なのですが、だれかがこれでデザイナーベビーをつくろうと思えば、できないことはありません。もちろん、今、その技術は人の受精卵には使ってはいけないという約束ができています。

ところが最近、中国の人が約束を破ったと言われています。まだきちんとした論文には出ていないので、よくわからないのですが、ネットではそのように報道されています。人には使ってはいけないという約束を破ったことになります。赤ちゃんが生まれてはいません。技術を使ったというだけです。約束を守らない人が必ず出てくるのですね。生命倫理は医学の科学技術化に対して、アメリカが歯止めとして考えたのですが、医療や技術を止めるのは難しいですね。人間の考え方を変えなければ。

私の個人的な答えは、世界中の人が何十年も考えても答えが出なかったことは、答えはないと思います。そこで、江上先生が考えられた生命科学を進めようと考えて始めたのが生命誌です。アメリカ型の医療の科学技術化ではなく、人間を生きものとして見る研究を進め、人間を機械として見ない人を育てたいと思っているのです。生命倫理を進めるのではなく、生物としての人間を知る、生命を基本とする社会にすることが、一番大事なことだと思っています。正しいかどうかではなく、私はそう思っています。

普通に考えたらおもしろかった

質問　普通の女の子であることが大切、今やっていることがとても楽しかったというお話でしたが、高校のときに夢中になったこととか、一番楽しかったなって思うことについて詳しく教えてください。

一番楽しかったこと……私、何でもおもしろいと思う性質なのです。1つはもちろん化学ですね。それからその当時、社会に目を向けたかったのでしょう。カトリック研究会があって、有名な神父様が困った人を助ける活動をしていらしたのです。その手伝いをしていました。もう1つは音楽です。お友達と一緒にピアノを弾きました。文化祭のときにハンガリー舞曲を連弾しました。スポーツも好きだったのですが、放課後に遊びのスポーツとしてテニスを楽しみました。軟式テニスでした。運動会のダンスの振付係は楽しかったですね。ウインナ・ワルツ「南国のバラ」でした。振り返ってみると、まとまりがないように見えるけれど、化学と音楽が軸でした。いろいろなことを楽しんでいました。それが普通ということです。

私はこれが得意でこれしかないというものがなかったし、今もそうなのです。普通に暮らし、楽しいとか、おもしろいとか思うことを続けてきました。おもしろいとか、やってみたら楽しいこととか、たくさんあると思うのでいろいろやってみてください。

質問　もし、大学に生物化学というような学科があったとしたら、最初からそちらを選ばれていましたか。

それはわかりません（笑）。出会いがありますからね、人生。私はそれを大事にしたいと思うのです。あまり最初から決め込むのではなくて、いろいろな方との出会いの中で探していくのが私には合っていたのだと思います。

いのちとお金、どっちが大事？

質問　生きものとしての人間と、生命を基本とする社会を形づくるというお話があったんですけど、人間が経済を動かすのに科学技術を進化させるとか、薬とかを開発したりしていて、例えば命を救うため、延命するための技術とか、そういうのが発達するというのは大事なことだと思いますが……そのへんのところをもう少し聞いてみたいです。

とてもよく考えていますね。経済が動かなかったら暮らしていけません。経済も技術も大事です。ただ、今は経済ありき技術ありきで、そのために人間は動きなさいみたいになっているのではないかしら。そうではなく、まず私たちが何をやりたいのか、私たちがどう生きたいのかを考えなければいけないと思うのです。例えば今、学校へ行けない子どもがいるとか、食べるものがなくて亡くなる子もいるとか、いろいろなことがあるでしょう。そういうことをなくすにはどうしたらいいのかという方法を見つけていくことが大事だと思います。困っている人たちのために、新しい技術を開発し、それで日本がお金持ちになったらよいですね。そのお金でまた新しい研究ができるでしょう。

今はお金が一番大事で、お金のためにみんな働きなさいと言われています。人間も機械みたいになっているでしょう。それであまり働き過ぎて心がつらくなったとか、お子さんがいるお母様たちが働けないとかになる。お金のために働きなさいではなくて、逆にしませんかというのが私の意見です。まずみんなが納得する、豊かで、幸せになるにはどうしたらいいかを考える。モノやお金がいっぱいというだけで人間は幸せになりますか? 今の日本を見れば答えはわかるでしょう。本当の豊かさって何だろうとか、何が一番大事なのかを自分で考えていかなければいけないと思います。それで、困っている人を救うための技術を開発して、お金を手にするのは悪いことではありません。私は経済や技術を否定しているわけではないのです。でも、経済のために人間らしさを犠牲にするのはおかしいでしょう。どちらが大事かと言うと、生命のほうが大事ではないかしらと言いたかったのです。

科学は大事です。機械も要らないとは言いません。機械は使いこなさなくてはいけません。でも、自然は機械ではありません。もちろん私たちも機械ではありません。20世紀は機械をどんどんつくりましたね。私が子どものころには、コンピューターもなければ、携帯も、テレビも、ジェット機も、新幹線もありませんでした。今、私たちが便利に使っているものは、全部20世紀にできました。それはすばらしいことです。そのためにエネルギーをいっぱい使って、原子力発電所もつくりました。それは私は悪いことだとは言いません。でも、じつは私たちは生きものなのです。生きものの中に学ぶことがいっぱいあるのだから、21世紀は生命や水など自然全体のことをよく考えた上で、機械もちゃんと使っていこう、技術も開発していこうと思うのです。そういうふうに考え方を変えないといけない時代が来ていると思います。

儲かればいいじゃないとだけ考えていると、人間は機械みたいになってきます。でも、人間は機械ではなくて生きもの。生まれてくるということはお父さん、お母さん、そのまた両親がいて、そのまた両親がいて、ずっと生命の起源まで戻っていくのです。その長い歴史を考えてほしいのです。

本当に大事なものって何だろう

生きものを考えるときは今だけを考えるのではなくて、長い時間のことを考えなければなりません。長い時間のことを考えると、人間だけでなく、ほかの生きものもみんなその中にいるわけで、みんなが38億年という時間を持っている仲間として生きているのがこの地球です。そう考えて研究をしたり、新しい技術を考えていきたいと思って生命誌を続けています。長い生きものの歴史の中で私たちはどう歩んできたのか、ほかの生きものと共通ではない部分もあるわけですから、それを生かしながら、地球の中でどうやって生きていくのか、そんなことを考えています。

ただ、そういう考え方を出しただけではなく、研究をしなければいけません。そこで、ゲノムという切り口を生かそうと考えたのです。それまではDNAを遺伝子という単位でしか考えられなかったのですが、生きもの全体のことを考えることができるゲノムという捉え方が出てきました。ゲノムにはそれぞれの生物の歴史が書いてある。具体的にそういう研究ができるようになったので生命誌を始めたのです。

私は何かすごいことをやろうとか、こんなことをやってみんなを驚かせようと思ったことはありません。本当にいい先生に出会って、学んで、そこから大事なことが見えてきたのです。次にこれをやろう、あれをやりたいと進んできたら、今のようになったのです。ほかの方から独自のことができましたねと言っていただけるようになり、本当によかった、ありがたかったと思っています。とても運がよかったと思っています。今は、競争して勝ちなさいという社会ですが、やっぱり自分が本当に大事だと思うことを考えていくことが大事だと思います。大事だと思うことは人によって違うと思うので、まずは自分で考えることが大事です。

今を大事に、周りの人を大事に

質問　高校時代の経験で、考え方とか、生命誌をやろうという選択につながったちょっと大きな体験や経験とかありますか。

残念ながら当時はまだ、生命誌につながる特別の体験はしていません。まさに普通の女の子でしたから、高校ぐらいまでは深くものを考えたりしませんでした。今、クラス会でデザイナーや絵描きになった方、学校の先生になったお友達とかと会ってお話しすると、才能豊かで将来は決まっていた方がいらっしゃることがわかります。でも高校のときは、周りにいるお友達が当たり前と思っていました。みんなと毎日、楽しく話したり遊んだりしていたので、当たり前と思っていたのですが、今になってみると、とてもすてきなお友達ばっかりだったなと思います。今の生き方を見るとそう思います。この高校は先生方があまり生徒を区別なさらなかったと思うの。今、クラス会でお会いすると、教えられるところがたくさんあります。高校生のときには、普通のお友達と思って、楽しく過ごしていましたけれど、とてもすてきなお友達ばかりだったと、今、強く思っています。先生方がすばらしかったことは前にお話ししましたね。

あなたたちもきっとそうだと思います。先生方も含めて、この学校の中に何かつながっているものがあるのではないかしら。先生、3年生、2年生、1年生。伝わっていくもの。卒業してもそのつながりは消えず、何かが伝わっていると思います。私は今日普通の女の子という言い方をしていますけれど、何かギラギラしたり、あからさまに競争したりするのではなく、その中で教えられたり、影響されたりしてきたと思います。だけど、本当に自分を持って、しっかりやることをやるという人が多かったと思います。大人になってみたら、皆さんもきっと思いますよ。だから今を大事にしてください。お友達や周りの方を大事にしてくださいね。

自分で考えて動く

質問 今の女子高生たちにこれからどんなふうになってほしいとか、ありますか。

前にも言ったようにまず自分が大事だと思うこと、でもそれを自分の中に閉じ込めず、周囲に関心を持ち、周りの人も大事にしてほしいですね。18歳で選挙ができるようになりました。まだ大人ではないけれど、社会の一員として社会のことをよく知り、自分たちのできることをやっていかなければならない義務が生まれたわけです。あなたたちの年には、社会に対して本当にこれでいいのだろうかという気持ちを持って、生きてほしいですね。社会が求めているから、それにこたえる人にならなければいけないと思う前に、今、本当に大事なことは何だろうと自分で考えてください。

東日本大震災がありました。今もまだやらなければならないことがたくさんあります。日本人皆で新しい東北をつくらなければならないのですが、できていません。東京は離れているから、考えるのが難しくなっているかもしれないけれど、自分の住んでいるところだけではなく、ほかの地域の人のことも知って考えてほしいです。今、東京にいるとオリンピックへ向けて、新しい建物が建っているけれど、それで浮かれていてはいけないと思っています。

東北や沖縄の人のつらい思いを共有できる人は、自分ですぐできることはないかもしれません。でも今日お話ししたように、皆つながっているという気持ちを持ち、考えることは大事です。いまだに家へ帰れない理由は放射能があるからですね。科学技術はその解決に全力を尽くす必要があります。放射能で汚れて帰れない人のつらい思いを共有し、科学技術がロボットの開発や汚染水の処理などに努力しなければいけません。けれど、そういう話は表に出てきませんね。テレビや新聞に、あまり出てきません。でも日本人として考えると、社会全体でそれをしなければいけないという気持ちになります。何か大事なことを自分で探すというのはぜひ皆さんにもしてほしいのです。与えられたこと、言われたことだけをやるのではなく、自分から進んでやってください。反抗はしなくてもいいですよ（笑）。疑問に思って調べてみたり、人に聞いたみたりするのです。結局は、やっぱり自分で考えていくしかありません。若い人こそ、その若い気持ちで考えてほしいですね。自分ですぐ何かができるわけではないけれど、長い目で見たらきっとつながりますから。

わかりたい、わかりたい、わかりたい

質問　すべての生物が38億年の歴史をＤＮＡの中に持っているというふうにおっしゃっていたのですけど、それは１つの生物のＤＮＡを実際に調べてみて、38億年分の情報が詰まっていて、それを確認することができるということですか。

まさにそう考えて生命誌を始めました。でも実際は大変です。例えば、チョウと人間とで同じ細胞を使っていることがわかりました。人間は20万年ぐらい前に生まれたのですが、昆虫は3億年ほど前には生まれていますから、私たちの中で働いている遺伝子はもうそのころからあったということです。

それから私たちはエネルギーをつくっていますね。何をするにもエネルギーが必要。そこで、食べものとして取り入れた糖分をエネルギーに変えていくための酵素があります。つまり、エネルギーをつくるために働いている遺伝子があるわけです。その遺伝子を調べると、バクテリアから人間まで、基本的には全部同じなのです。生命誌絵巻の扇の要に近いところにいるバクテリアもエネルギーを必要としたでしょう。そうすると、このときエネルギーをつくるために必要な遺伝子は働いていることになる。この遺伝子は、すべての生きもので長い間働き続けてきたということですね。

そう考えると、私たちの持っている遺伝子の中で、これは30億年も前に存在したことがわかります。いろいろな生きものを比べていくことで、私たちの持っている遺伝子はいつごろから存在しているのかが、だんだんわかってきています。私たちは2万数千個の遺伝子を持っており、10万個ものたんぱく質をつくっているので、全部調べていくのは大変です。でも、生きものそれぞれの持つ遺伝子の様子がわかってきています。すべてわかるのは大変ですが、基本は見えてきました。それを調べて生きものたちの世界は38億年かけて、どのようにしてできてきたのだろうということを知りたい。この生命の歴史物語を読み、人間がその中で生きていくようにしたいのです。

そういう気持ちで研究を続けていくと、少しずつわかってきます。全体が何となく見えてきて、大事なのは考え方だと気付きます。生きもの全体を見ていると、人間もその中にいるという気持ちが強くなっていきます。

まだまだ生きものの世界はわからないこと、ふしぎなことだらけです。でも、全部わかったら、やることがなくなってしまうではありませんか（笑）。だから全部わかったら困るのです。そうではなくて、わかりたい、わかりたい、わかりたいと思う気持ちを持ち続けることです。自分は何がわかりたいかということが大事なわけでしょう。それが私の場合は、生命誌につながったのです。どうやって生きものの世界はできてきたのだろう。人間はその中のどこにいるのだろう。ほかの生きものたちとどんな関係にあるのだろうと調べたら、少しずつ物語ができてきた。そんな感じです。

そうなのですが、本音の本音を言うと、ゲノム（ＤＮＡ）の働き方は、機械と違って気まぐれっぽいところがあり、これまでの科学で解いていくのは難しいという気持ちが強くなっています。全体を見る新しい科学をつくり出すことが不可欠です。皆さんに挑戦してほしいことです。お願いします。

普通ってどういうこと?

質問　先生が普通の女の子であったこと、普通に考えることの大切さとかをおっしゃっていましたが、先生はその普通というのはどのように定義されているのかが気になったのと、また、普通であることがなぜ大切だと思うのか、もう少し教えてください。

普通という意味は、学校でお友達と一緒に楽しく過ごすとか、家族と食事をしたり、先生からお話を聞いたり、そういう日常です。何か特別なことをやるのではなく、生活を楽しんでいました。その気持ちを普通と呼びました。その中で、何だろうと思ったことを大事にしていくことです。すでに話したように、食べ物は大事だと思うと、農業はどうあったらよいかという大きな問いが生まれます。しかも、世界中の人の食べ物を考えると難しいことだらけです。この問いを徹底的に考え、考えを深める研究や活動をしたら大きなことです。普通の女の子の気持ちから生まれることです。それは多分、これからの社会ではこれまで以上に大事になると思っています。権力を持ち、社会を支配する人になるという目標よりは、このような活動をしようとすることの方が社会にとって重要になります。女性の活躍の仕方だと思います。

イエス、ノーでは考えられないこと

質問　クローンがつくれるって聞いたことがあって、それは人間が研究とか頑張ってきたからできるようになったことだと思うんですけど、でもそれって生物の中での人間としてではなくて、ほかの生物をちょっと下に見ているというか、その中にいない感じがします。人間だからできるようになったことと、生きもの全体の中の人間としてのことだと思うので、ちょっと矛盾している気がするのですけど、そのことはどう思いますか。

とても難しい問題ですね。ヒツジで、卵の中に体の細胞から採ったＤＮＡを入れて、元のヒツジと同じＤＮＡを持つヒツジをつくる。クローン技術として有名になりましたね。じつは双子はクローンなのです。クローンは遺伝子がまったく同じもののことですから。それでは、双子は同じ人間と言えますか。全然違いますね。一緒に育っても性格が違います。遺伝子が同じでも同じ生きものということではないので、クローンは同じ生きものだというのは間違いです。ですから、人間でのクローンづくりは無意味です。

そこでほかの生きものですね。例えば肉牛は、お肉がおいしければよい。それはＤＮＡで決まるから、ただのお肉として見たときの牛ではクローンをつくります。だから、これは生きものとして見ていないことになります。つまり、人間ではクローンは無意味だけれど、肉牛はよいとしているのです。おっしゃる通り、人間の勝手ですね。矛盾です。あなたは大事なことに気づきました。生きもののことを考えると矛盾にぶつかります。ここでどういう選択をするか悩みますね。肉牛については経済で考えるという今の社会を認めざるを得ない。矛盾の中での今の私の選択です。これが正しいということではないので、悩み、よりよい答えはないかと考え続けることが必要と思っています。

ところで、あなたはクローンを特別と言ったけれど、植物はクローンがたくさんあります。お花見でよく見るソメイヨシノは、江戸時代につくったサクラで、日本中がクローン。植物は挿し木や接ぎ木で増えます。アジサイも土の中に葉っぱを置いただけでも増えますね。だから植物ではクローンは当たり前なのです。また、クローンと言ったときに、人間だけができると思ったら間違いで、トカゲやイモリは自分で再生できるでしょう。プラナリアはクローンをたくさんつくります。人間は再生が不得意な生きものです。ですから科学技術の力で再生やクローンづくりを考えたのですね。生きものとして考えたら、植物や他の動物の能力のみごとさを思わされます。

生きものはこのような能力を持っている、クローンはこういう意味だということをよく知った上で、人間はクローンという技術を使ってもよいだろうかと考える必要があります。

そして、人間が新しくつくったものが、生きものの世界にとって問題にならないだろうかと考えながら使うほかありません。ですから、生きものの世界のことをもっとよく知ってください。

人間のクローンはつくる意味がないことはわかりますね。人間の場合、遺伝子が同じでも同じ人ではないのですから、つくっても意味がないことは明らかです。よく昔は野球の長嶋さん、今でいうと、サッカーの本田君かな。そういう人のクローンをつくりましょうという話があったけれど、1人1人、みんな違うのですから、人間のクローンをつくる意味はありません。

牛も、生きものとして1頭1頭を別々に考えれば意味がありません。人間は勝手に肉として考えます。生きものを食べ物として考えてはいけないとすると、今度は私たちが生きていけなくなりますね。生きものの難しいところは、イエス、ノーだけでは考えられないことです。牛だったらこういうふうに考えよう、そこまではみんなで納得しようといって、みんなで考えるしかない。ちょっとつらいですけれど。

自分で生活を選択する

日本の伝統的な食べ物で、京野菜とか東京野菜とかあるでしょう。同じものでも京都と東京では種が違います。昔から生きものは多様性が大事でした。野菜も種が違っていて、バラエティーがあったのです。遺伝子組み換え技術で、育てやすい、収益率の高い、栄養価の高い種をつくるのは、農業としては当然の方向と考えられます。でも問題もある。その1つは、世界中、同じ種になることです。環境が変化しその種が育たなくなったら、全部だめになるかもしれません。多様であれば、どれかが残りますし、それぞれその土地に合っているというよさがあります。経済的、効率のよい農業の中では遺伝子組み換えは評価されます。それを否定することはできません。一方、多様性の面から考えると、危険や問題が出てきています。ここでもイエスとノーで割り切れない複雑さが見えますね。

だからこそ、私たちがどういう生活を選択するかなのです。少し不便でも自分たちで土地に合った野菜をつくることの大切さを知り、それを選ぶという道があります。スーパーマーケットで世界中から集めてきたものを買って食べるのは楽ですけれど、危険や問題もあるわけです。全部の食べ物を自分たちでつくるのは難しいですが、ときどきは自分も畑の経験をしながら、日本の食べ物をできるだけ自分たちでつくっていく生活にしていくことはできないことではないと思います。面倒くさいことが嫌なら、だれがどうやってつくったのかわからないものを食べるしかないけれど、それも含めて、自分の生活を選んでいかなければなりません。自分で納得のいく生き方を考えてください。

じつは私は原則クーラーを使いません。我慢しているのではなくて、風通しを考えて窓や戸を開け、その風向きのところへ座って本を読むのです。自然の風のほうが気持ちがよくて好きなのです。でも、そうするにはやっぱり考えてやらなければならないから、面倒くさいです。でも、窓を閉めて外の風が入ってこない中で暮らすのが好きではないのです。エネルギーをたくさん使うと、原発を動かす必要も出るかもしれません。原発や遺伝子組み換えについて考えることは、自分の生活を1人1人が決めることです。皆がそれを真剣に考えたら、環境問題も変わると思います。クーラーをつけて温度はいつも一定にしておくというのが進歩と考えられがちですが、みんながみんな、好きではないと思うのです。少なくとも私は好きではありません（笑）。

アリも人間も38億年の歴史がある

質問　先生の思いをお聞きしたいのですけど、人間の思いとか意思とかと、動物が生きるためにしている判断と意思や、植物のそれは、根本は同じような気がするのですけど、人間は違うような気がしますが、どう思いますか。

大事なことですね。基本の生きているというところは同じということをわかった上で、人間としての思いを持つことが大事です。例えば、アリが1匹這《は》っていたときに平気で潰すか潰さないか。お友達にだったら優しくするけれど、アリは平気で潰せちゃうということ、ありませんか。人間は優しい気持ちを持っていますね。それがお友達や家族に対してははたらくけれど、アリは平気で潰せるとしたら悲しいと思います。だから、アリに私たちと同じような気持ちがあるとは言っていませんよ。私たちには、人間特有の「心」と呼ぶものがあります。ただ、心はあなたたちの中に閉じこもっているものではなくて、ほかのものとの間にあるものではないかしら。人との間、生きものとの間だけでなく、例えば小さいころから使っていたマグカップは特別で、それとの間には心がはたらくと思うのです。ただ、大事にしているペットのワンちゃんには心がはたらくけれど、アリはどうでもいいと思いがちですけれど、アリに38億年という共通の歴史があると思うと、アリとの間にも心がはたらきますでしょう。心が広くなるでしょう。

そういう意味で生きものは同じということがわかると、生きものの一部としての生き方になると言っているので、アリも私たちとまったく同じと考えるというのではありません。あなたの優しい心をどこまではたらかせるかとなると、生きもののことをよく知ると全体に広がるでしょう。

地球全体に、その気持ちを持っていくこともできますね。クラスのお友達は大事だけれども、アフリカにいる同じぐらい年齢の男の子、女の子のことはどうでもいいやという気持ちを持ちがちですね。じつはアフリカのお友達も同じ仲間ですね。平和と言われているけれど、みんなでアフリカのことも南米のことも同じように考えられるようになったら、戦争はなくなるはずだと私は思っています。そういうことをみんなで一緒に考えること、それは人間にしかできません。そういう意味で、生きもののことを知りましょう。アリも遠くの国の子どもも基本は私と同じだということがわかると、気持ちが広がるでしょう。そこまで広げてほしいのです。

私たちの体と心は内なる自然

質問　人間が生きるために必要なもので、食べ物と健康と住居と心と、あと知識、環境だというお話を聞いて思ったのが、今、社会はすごく大きく育ったけれど、人の心が何かいろいろな病気にかかってしまったり、働き過ぎて心が病んでしまったりしていて。こういった問題が出てきて、いつも制度をつくったらどうだとか、こういった環境がないからだめだとか、いろいろな意見があるのですけど。でも、心が病んでしまうのって、自分のことばっかり考えて、自分で外とのつながりを断っていっちゃうから、孤独な気がして、病んでいっちゃうのかなと思って。内にこもらずに外に広がっていくことが大事ということを聞いて、そう思いました。何か新しい視点が持てて、すごくうれしかったです。

そう言ってくださると、とてもうれしいです。広がりを考えたら、心のこともわかるでしょう。あなたの考えているとおりだと思います。今の社会は、あなたが言うように過剰なほど働くことが求められるでしょう。お金を得ることが優先されて、新しいことを開発しなさいと求める社会ですね。これをやり過ぎると自然に影響が出ます。環境破壊です。そして、人間も自然の一部なのだから、私たちの中にも自然があるわけです。それを私は「内なる自然」と呼んでいます。前にもお話ししましたね。

内なる自然は私たちの体と心です。外の自然を壊してしまったので、環境問題を解決しなければいけないと言うけれど、実は自分たちも壊しているということにあまり気が付いていないのです。自然や生命をよく考えることによって、内なる自然、つまり人間の心と体を壊さないような社会をつくっていきませんかというのが生命誌の提案です。

少しずつ変わっていけばいい

質問　私、将来、生物について研究したいなと思っていて、生物系と環境に関する分野に進みたいなと思っているのですけど。なんで人間が環境を壊し過ぎてしまうのかと考えたときに、やっぱり相手の生命と1対1で向き合っている自覚がないからかなとちょっと思いました。例えば今でも農場実習があるのですけど、やっぱりそこで雑草を抜くとか、イモを掘るとか、そういうときって1対1で向き合って、自分の手で採れる分だけ、その雑草なり、イモなりの生命をもらってやっているわけではないですか。多分、機械化とかが進んでくると、そういうふうに感じることはできないかなって。戦争とかでも、画面を見て、ボタンを押すだけで爆弾が飛んでいくから生命を奪っている自覚がないみたいなことを言われているのですけど、何かそれと近い感じで、やっぱり機械を使って一気に耕すことができて、効率重視になってしまったからこそ、1対1で、生命と向き合うことがなくなって、壊しちゃったのかなっていうふうに思ったのですね。そこをどうするか、どうしたらいいかというのを考えてしまうと、やっぱり科学技術とか、エネルギーとかお金とか、たくさん使うことで経済はちゃんと回っているじゃないですか、その人間社会としてどう発展するかという側面があって、今、いきなりほかのいのちのほうが重要だからやめろと言ったって、止まらないと思うのですね。でも、やっぱり環境問題ってちゃんとしないといけないことだと思っていて、この1つの矛盾をどういうふうに考えていけばいいのか、意見を1つ、理論づけてもらえたらうれしいです。

私が思っていることはまったく同じです。それに矛盾をどうしてよいかわからないというのもまったく同じです。急に社会を変えるのは難しいですね。そこでやっぱり自分が大事だと思います。少しずつでも変わっていくしかないと思っています。私が少し変わったかなと思ったのは、東日本大震災の後ですね。みんなの考え方が変わったという感じがしました。いろいろな形で。原発があったから問題が大きくなりましたね。地震と津波だけだったら、もっと早く復興したでしょう。あなたが考えたことをみんなが考える必要があるのです。

機械だったら、これはだめと決めやすいですね。生きものの場合は複雑です。生きるために食べなければいけない。食べ物は全部生きものです。生命を大事にしましょうと言って、1つも殺しませんと言って生きていくことはできません。その中で、どこまでは良くて、どこまでがだめかの区別をつけるのは、とても難しいですね。一筋縄ではいかないことだけれども、それが一番、生きものを考える上で大事なことだし、私は一番おもしろいことだとも思います。簡単に割り切れるのであれば、みんなで、そうしようと言えばよいでしょう。でも、生きものの場合は1人1人が考えなければいけない。生きものを1つも殺しませんと言って生きられる人は、1人もいないわけですから、どこまでやっていいかは、1人1人が考えないと。何も考えないで、めちゃくちゃやって、人まで殺してしまうとなったら違いますよね。全くゼロまではできないけれど、私はこう考えるとして納得しながら生きるしかありません。これなしでは生きられないというところを考えることが大事です。現代は、何も考えないで、殺さなくてもいいものを殺したり、ほかの生きものを生きにくくしたりしているから、それはいけないでしょうと私は思うのです。そういう意味では答えはないのです。これが正解です、これが一番いい答えですと皆さんに言えません。あなたが考えるしかない。みんなで考えるのです。人間は考えるために生きているわけでしょう。面倒でもそういうことを考えられるのが人間です。何も考えることがなくなったらつまらないでしょう。とくに生きもののことを考えていると限りがないから、おもしろくて仕方がありません。このごろは○ですか、×ですか、と割り切った答えを出すのが好きだから、それには合わないけれど、考えることのおもしろさをずっと感じていてほしいし、考えることが好きな人がたくさんいる世の中にしたいです。

自分や生活、ましてや社会を変えようと思ってもできないけれど、だからと言って自分が思っていることをやったり、言ったりすることに意味はないかというと、それは違うと私は思います。周りから少しずつでも変わっていくようにしましょう。おそらく多くの人に、そういう気持ちがあると思います。だけど今は、お金儲けしなければならないから仕方がないでしょうと言って封じ込めている。それはよくありませんね。

今、資本主義経済は少し行き詰まっていて、経済の専門家も考えなおさなければいけないと言い始めています。だから、生物の話を聞いて考え方を取り入れたいとおっしゃる方も増えています。普通に考えていたらそうなりますものね。そういう人は少なくないと思います。みんなが普通に生き生き暮らすようにしたいと思ったら、答えはそこへ行きますもの。戦争しましょうとはなりませんよね。そのために生物学を勉強するのはよい方法だと思います。ぜひやってください。

質問　私は農学部希望で、たくさん作物が育てられるような技術を開発したいと思っていたのですが、今回の生きものの話、人間を生命として考えるということを聞いて、そういう考え方がだめなのかなと最初は思ったのですけど。

いえいえ、そんなことはありません。食べ物は生活の基本です。今の日本は少子化ですけれど、世界で見たら人口はどんどん増えています。食べる人が増える。良質の食べ物をみんなが充分に食べられるようにする。そういう技術開発はとても大事です。でも、今はむしろお金儲けのためにやりましょうという考え方のほうが多いです。みんなが安心して食べられる、おいしいものをたくさんつくるのにはどうしたらいいだろうという発想が大事です。だから、農学部でおいしい食料を大量に生産できる技術開発をしましょうということは、とても大切なことです。

ただ、人間も食べ物も生きものだということを基本にしてくださいとお願いします。今、行われている技術開発の中には、ちょっと疑問に思うものもあります。技術開発して、食べ物をみんなが食べられるようにすること自体は重要なことで、あなたが、みんな生きものだということを大事にしながら新しい技術を開発する、みんなが今まで考えたことのない技術をうまく開発していく。それはすばらしいですよ。

自分の気持ちを貫いてほしい

質問　私は将来、もともとはお医者さんになりたかったのですけど、研修医の人たちは全然お金がもらえないとか、お医者さんのお仕事はいろいろ責任があったりとか、すごく大変で、何でこんなに大変になっているんだろうって。確かに人の命を助けることはすごいことだけど、責任があることで大変なことだってわかってはいるけど、もうちょっと楽にできるのではないかなと思って。そういう人たちを助けることができるのではないかなと思って。今、パソコンの技術で、経済がもっと発達できるようにいろいろなプログラムがつくられているのですけど、お金儲けとかではなくて、もっと人のために、人が人らしく生きられるような、そんなものをつくりたくて。さっき、人らしく生きるためにと先生がおっしゃっていたので、私がやりたかったことは、お医者さんたちが機械みたいになって働いている現状を、人らしい生活が送れるようにすることなのだという明確なビジョンができて、すごいうれしかったです。

あなたがそういう気持ちでお医者様になるのはすばらしいことですし、今、そう考えているお医者様はいらっしゃいます。お医者様は本当に大事なお仕事だし、それに向いていて、それができる人はそんなにいるわけではありませんから、あなたが本当にお医者様になりたいと思っているのだったら、やっぱり貫いてほしいです。医療というのはみんなが健康に生きるためにあるのです。本当に生きるということを、一番大事だと思っていらっしゃるお医者様はたくさんいらっしゃるので、そういう方を見つけてついていけば、あなたがお医者様でありながら、あなたの気持ちを通すことは、できると思います。一般的な社会の情報から研修医はこんなふうになっているから、お医者様はだめだと思ってしまわないほうがいいと思います。今得ている情報だけで、お医者様ってこんなふうだから、私は違うと思わないほうがいいと思います。あなたがなりたいと思っているようなお医者様を目指していけばいいのです。あなたが選べばいいわけですから。私はこういう生き方をしたいと思って選べばできると思います。この先、考え方が変わってきて、ほかに興味がわいたら変わってもいいでしょう。医療の道もいろいろあり、最近はコンピューター技術を医療に生かすというお仕事もあるのですね。あなたがそれが得意ならそれもありでしょう。こういうふうにして人に尽くしてあげたいと思えば、お医者様はそれができる、とてもすばらしい道だと思います。最初の気持ちは大事にしてください。

人間は考えるために生きている

東日本大震災が起きてから、私は科学者として何ができるのか考えました。直接現場で役に立てないことに悩みましたが、人間も生きものだということを考え続けることが私の仕事だと思いました。専門家としてではなく、普通の人として考えることが大切と気づきました。また、専門家ではない人も、生きることについてあれこれ考えているということを忘れずに、みんなで考えることが大事だと思ったのです。機械化した社会の問題があらゆるところに出てきて、人間がつくりあげてきた近代文明は行き詰まり、征服や支配をして自然と向き合うことは限界だと思います。人間は生きものだということは普遍的なのですから、次の文明として何か新しいことをしないといけません。今わかっている生きものの知識を生かして、自然の中でどう生きるかを考える文明をつくることだと思います。かつてあった、つつましく勤勉である日本人の姿、自然とともに暮らすことで培われる感性や感覚を、自然の歴史を見ることを通して取り戻していかなければなりません。震災後、東北の方たちが「海は恐ろしいけれど、豊かなものだ」とおっしゃるのを聞いて、自然の中にいるという感覚があるからこその言葉だと思いました。都会で生まれ育った私には、とても大きく響いた言葉でした。都会よりも進んでいる考えを持っていると思いました。これからの日本はそれを大事にしなければなりません。

地球とは何だろう。生物とは何だろう。人間とは何だろう。生きるってどういうことだろうという、大きな問いに正面から向き合うときだと思います。それには、小さな生きもの、日常生活の中での食べ物などをよく見て、よく考えることです。ものの見方や考え方、問い方をこれまでのものと変えなくてはなりません。自然科学と言いながら、私たちはこれまで自然に直接向き合うことができなかったのではないでしょうか。わかるところだけ見ようというのがこれまでのやり方ですが、自然全体をそのまま見つめる、自然に向き合うことから新しい学問が生まれるのです。

近年、何か問題が起きると、制度や組織のせいにして自分で「考える」ことをしなくなっています。私は「生命誌」の「誌」にこだわり、そのために自然を見る、歴史を知る努力をしたいと思っています。機械化された社会や先進的な中にいると、どうしても「耐える」ということができにくくなってきてしまいます。「耐える」ことは、しなやかに対応するということで、それは機械にはできません。生きものが何十億年かけて上手にやってきたことなのです。私たちは、そこから学ぶ方が賢いのではないでしょうか。生きものは時間を紡ぐ存在であり、その時間が多様性を生み出しています。それが弱みでもあり、強みでもあるところがおもしろいのです。今の科学は、構造や機能を重視した「もの」を問うものになりがちですが、これからは時間や関係といった「こと」を問うことも大事になります。そして何より、私たち1人1人が、日常生活の中で「なぜ」と問い自分で考えることが大事だと思います。今までの科学が築いてきたことを知りながら、吸収しながら、まったく新しい方法で自然全体をとらえることが求められています。自然と向き合えば、「なぜ」という問いを立てる力が自ずと生まれてきます。また、たくさんの驚きやふしぎに出合います。知ることは楽しい、おもしろいと思うし、さらにもっと知りたいという気持ちも生まれます。歴史を知ると、自分がおもしろいと思うものに出合うものです。そのときに自ら問いを立てて、一生懸命に研究に取り組んでいく。それが何よりも大事なのです。

ここまで、私の気持ちを聞いていただいて、1人でも2人でも「そういうことってやってみたいな」という人が出てきてくれたらうれしいし、研究はしなくても、生きものを大事にする人が1人でも多くいると、この国はとてもよくなると思います。

あとがき

本書は、２０１４年の岡山県立岡山朝日高校でピアニストの中村紘子さんと御一緒に科学と音楽で知と感動を届けるという企画に参加したことをきっかけに、そのとき、生徒さん方へした話と今年の夏に母校であるお茶の水女子大学附属高等学校で行った３回の話の記録をまとめたものです。

高校での私の生活は60年以上前のことですが、母校の校舎がほとんど変わっていないこともあり、教室に入ると、机を並べて座っている後輩との自分の姿が重なり感無量でした。今、女性の活躍が期待されています。後輩たちには、大学に入り生化学の面白さにめざめ、ＤＮＡに出合って以来の長い間、生きもののことを考え続けてきた経緯をそのまま話しました。後輩たちのこれからに少しでも役に立てるようにというのが求められていたことでしたので、そのお役目が難しいことは承知していましたが、未来を持つ若い人に何かのきっかけとなる話ができたら望外の幸せと思いお引き受けしました。

後輩ですから気取らずに、考えたこと、やってきたことをそのまま伝えようと思いました。ただ、そう考えている中でどうしても頭から離れないことがありました。東日本大震災です。生きものとしての人間というところから生き方を考えようとしてきた私の仕事が生かせるのではないかと思い、社会もその方向に少しずつ動いているような気がしていました。ところが、2015年の夏には平和憲法を脅かすような安保法案が生まれ、人々の働き方についても1人1人の人間を大切にするというより、経済を優先する雇用法が制定されるなど、どう考えても「生きる」ことを大切にするという社会ではなくなっていく傾向が見えてきたのです。

社会で活躍するということは、これをそのまま受け入れてそこで働くことではないという気持ちが強くなってきた、ちょうどそのようなときに話をする機会をいただきました。後輩にどのようにして活躍してほしいか。そのとき、浮かんできたのが「普通の女の子」というキーワードでした。本書でたびたび出てきます。とくに最後の後輩とのやりとりでは、それが大事になっています。普通の女の子……権力を求めるのではなく、日常の暮らしを大切にし、おいしいものを皆で仲良くいただくことを楽しみ、人々やさまざまな生きものとのやりとりに心を動かす。それを基本にした上で、自分が大切と思うことについて考え、専門を決め仕事を進めていく姿を思い浮かべての「普通」です。

今、一番大事なことはこれではないか。そんな気持ちをこめました。そうすれば女性の力が社会を変えるのではないかという期待をこめての気持ちです。もちろんこれは、母校の後輩に向けてだけのものではありません。男子も含めて、高校生みんなに伝えたい気持ちです。生命

1時間半ずつ、3回の話では充分なことが伝えられなかったもどかしさがあります。生命

誌研究館の活動も小さな生きものたちを見つめる研究の一部を伝えただけに止まっています。研究館はリサーチ・ホール、つまり科学のコンサートホールですので、一流の音楽を一流の演奏家が演奏するコンサートのように、生命誌について大事なことを美しく表現しています。その活動は生命誌にとって重要です。「生命誌絵巻」「新生命誌絵巻」は表現の1つですが、本当はこの分野についてももう少し語りたかったと思っています。

ＪＴ生命誌研究館（大阪府高槻市　URL : http://www.brh.co.jp）へいらして、不足分を補い、生きていることの大切さを感じていただけることを期待しています。

ここで紹介した実験を行ったのは生命誌研究館の仲間です。毎日、一緒に考え、新しいことを探す仲間がいてくれることはありがたいことです。本書にも掲載した実験の図は、蘇智慧、小田広樹、尾崎克久氏作成によるものです。先生に恵まれ、仲間に恵まれ、やはり運がいいのですね。

後輩の中から、また本書を読んでくださった方の中から、暮らしやすい社会づくりをしてくださる方が出ることも楽しみにしています（女性でなくても普通の女の子の感覚は持てると思います）。

最後になりましたが、若い方たちにお話をする場をつくってくださいました、岡山朝日高校、お茶の水女子大学附属高等学校の先生方に心から御礼を申し上げます。また、熱心に話を聞き、大事な質問をし、一緒に考えてくださった高校生の皆さん、本当にありがとうございました。講義は苦手なものですが、皆さんのおかげでとても楽しい時間を持つことができました。いつかまたどこかでお会いして、今度は皆さんのお話が聞けたらうれしいと思っています。編集をしてくださった編集部の仁藤輝夫・藤川恵理奈さんのお二人には本当にお世話になりました。ありがとうございました。

２０１５年10月

賑やかになった蟲の声に耳を傾けながら

中村桂子

本書は、岡山県立岡山朝日高校昭和29年卒業生60周年記念講演「知と感動　生命誌―小さな生き物に学ぶ―」（２０１４年６月25日）、及び著者の母校である、お茶の水女子大学附属高等学校で行われた３回の特別授業（２０１５年６月29日、７月３日、７月13日）を加筆・編集したものです。

中村桂子
1936年、東京都生まれ。理学博士。東京大学理学部化学科卒。

同大学院生物化学修了。

三菱化成生命科学研究所人間・自然研究部長、早稲田大学人間科学部教授、大阪大学連携大学院教授などを歴任。

1993年-2002年3月までJT生命誌研究館副館長。

現在JT生命誌研究館館長。


【主な著書】

『生命科学と人間』（日本放送出版協会NHKライブラリー 1989年）『生命誌の扉をひらく―科学に拠って科学を超える』（哲学書房 1990年）『生命科学から生命誌へ』（小学館 1991年）『科学技術時代の子どもたち』（岩波書店 1997年）『「生きもの」感覚で生きる』（講談社 2002年）『ゲノムが語る生命－新しい知の創出』（集英社新書 2004年）『「子ども力」を信じて、伸ばす』（三笠書房 2009年）『「生きている」を考える』（NTT出版 2010年）『ゲノムに書いてないこと』（青土社、2014年）

カバー・章扉イラストレーション：石津雅和

知の発見　「なぜ」を感じる力

2015年12月10日　初版第1刷発行

著　　者　中村桂子

発 行 者　原　雅久

発 行 所　株式会社 朝日出版社

〒101-0065　☎03-3263-3321

東京都千代田区西神田3-3-5

印刷・製本　凸版印刷株式会社

ISBN 978-4-255-00893-6

新版 絵でよむ漢文

加藤 徹

「たったひとつでもいい。自分の心に響く言葉との出会いは、生涯の伴侶との出会いと同じくらい、すばらしい。」古代より人々の人生に寄り添い、受け継がれてきた漢文を絵と斬新な解釈で味わう、かつてない漢文入門。長田弘氏推薦。

定価1404円（本体1300円＋税）

文章の品格

林 望

人の信用を克ち得るかどうかの分水嶺は「言葉の品格」にある。言葉を磨く最良の方法を、様々な名文の魅力を味わいながらていねいに手ほどきする、美しい日本語入門。品格ある文章を書く最高のお手本となる一冊！

定価1296円（本体1200円＋税）

夕顔の恋　最高の女のひみつ

林 望

夕顔は、なぜ光源氏をとりこにしたのか？　女として魅力が匂い立つ夕顔の謎に迫る。源氏物語をこれまでになかった新しい角度からひも解き、男と女の愛の不思議を解き明かす究極の恋愛論！

定価1512円（本体1400円＋税）

幻滅と別れ話だけで終わらない ライフストーリーの紡ぎ方

きたやまおさむ　よしもとばなな

小説家・よしもとばななと精神分析医・きたやまおさむが、古事記、浮世絵、西洋絵画、映画、マンガにいたるまで文化の深層を語り合い、日本人のあり方を「並んで海を眺める心で」いっしょに考える、新しいスタイルの講義・対談。

定価1620円（本体1500円＋税）

対訳 21世紀に生きる君たちへ
司馬遼太郎
監訳＝ドナルド・キーン　訳＝ロバート・ミンツァー

司馬遼太郎が小学生のために書き下ろした「21世紀に生きる君たちへ」「洪庵のたいまつ」などを対訳で収録。著者自身、「一編の小説を書くより苦労した」と語るほど力を注いだ、21世紀の若者への渾身のメッセージ。

定価918円（本体850円＋税）

学ぶよろこび ―創造と発見―
梅原 猛　装幀＝安野光雅

こころの傷は夢を実現する原動力になる！ 学ぶことのおもしろさと夢を実現する生き方、波乱万丈の半生、これから仕上げに入る壮大な夢の作品についてなど、梅原猛の創造の秘密をあますところなく語ったエッセイ集。

定価1490円（本体1380円＋税）

生き方の演習 ―若者たちへ―
塩野七生　装幀＝安野光雅

本当に大切なことは何か？「ものの見方」が変わる新しい時代の発想法。孤独だった高校時代やイタリアでの子育てなど著者自身の様々な経験をもとに、塩野七生が若者たちへ初めて語った生き方のアドバイス。

定価1188円（本体1100円＋税）

未来への地図
写真＝星野道夫　訳＝ロバート・A・ミンツァー

温かな心と大きな夢を持ってアラスカに生きた写真家・星野道夫が、進路に迷う若者たちへ捧げた、明日への勇気が湧いてくる魂のメッセージ。オーロラ、カリブー、アザラシの親子、ホッキョクグマなど、珠玉の写真満載。

定価1296円（本体1200円＋税）

モギケンの音楽を聴くように英語を楽しもう！

茂木健一郎

ネイティブの音声による英語のシャワーを浴びて、脳に沢山の英語のエピソードが蓄積できる最新英語音声教材。茂木健一郎セレクトによる、ピーター・ラビットからオバマ大統領のスピーチ等、感動できる、良質の英文だけを集めました。

定価1382円（本体1280円＋税）

モギケンの英語シャワーBOX 実践版

茂木健一郎

「楽しむ」ことが脳を「本気」にさせるという観点から、苦手な英語が得意になるコツを明らかにするとともに、リーディング、リスニング、スピーキング、ライティングが基本から強くなる脳を活かした最新学習法！

定価3024円（本体2800円＋税）

新編 チョウはなぜ飛ぶか フォトブック版

著＝日高敏隆　写真＝海野和男

世界的動物行動学者・日高敏高の原点、名作『チョウはなぜ飛ぶか』を昆虫写真家・海野和男の美しい写真により完全ビジュアル化。生き物への「素朴な疑問」に答える、大人も子どもも楽しく読める、新しいスタイルのサイエンスブック。

定価2052円（本体1900円＋税）

旭山動物園写真集

撮影＝藤代冥砂

斬新な展示法を次々と編み出し、いま大きな注目を集めている旭山動物園初めてのDVD付き写真集！　日本中で話題沸騰中、旭山動物園の動物たちの愛くるしいまでの表情を、気鋭の写真家・藤代冥砂が撮り下ろす!!

定価2138円（本体1980円＋税）

緑色のうさぎの話

道尾秀介　絵＝半崎信朗

「花びらが舞い落ちるように 生きることのやりきれなさ、儚さ、寂しさが、静かに そして美しく降ってくる 微かな希望の光を浴びながら」と桜井和寿氏に評された、直木賞受賞作家・道尾秀介と映像作家・半崎信朗による最高傑作絵本。

定価1382円（本体1280円＋税）

心と体を整える　子育て力

齋藤 孝

幼児から小・中学生の子どもを育てるお父さんお母さんへ、「知・情・意・体」を軸とした、心と体を整えるための、シンプルな子育て力アップの方法を紹介。知育には欠かせない、著者推薦の「おすすめの絵本100選」付。

定価1404円（本体1300円＋税）

がんばらない健康法「7悪3善1コウモリ」の法則

鎌田 實

健康で長生きにはコツがある。楽で簡単な健康法でないと、健康寿命はのばせない。健康づくりをむずかしく考えることはない。この本に書いたいくつかの簡単なことをムリのない範囲で実践するだけでいい。（本文より）

定価1080円（本体1000円＋税）

お守り　幸せ手帖

瀬戸内寂聴

仕事、恋愛、結婚、離婚、家族、子育て…。読むと人生のあらゆる悩みにまっすぐ答える！　穏やかで明るい気持ちになる新たに現代語に訳した寂聴新訳・般若心経を収録。携帯に便利な、てのひらサイズ！

定価1000円（本体926円＋税）